# 危险品泄漏的风洞
# 实验与数值模拟

宁　平　张朝能　沈武艳　著

北　京

冶　金　工　业　出　版　社

2010

# 内 容 简 介

危险品泄漏事故会造成巨大的损失,确定危险物质泄漏可能造成的影响程度和范围,对于拟定重大突发性污染事故的应急预案和现场救护方案以及指导紧急救灾等都具有重要的理论价值和实践意义。本书针对危险品泄漏后造成的影响程度和范围进行了风洞示踪实验与数值模拟方法的探索及研究。全书共分7章,主要包括小球测风、现场风廓线的风洞还原、风洞示踪实验、危险风速确定、数值模拟、重气扩散的影响因素分析等。

本书可供环境工程、安全工程的工程技术人员和高等院校相关专业的师生阅读。

**图书在版编目(CIP)数据**

危险品泄漏的风洞实验与数值模拟/宁平,张朝能,沈武艳著. —北京:冶金工业出版社,2010.2

ISBN 978-7-5024-5171-4

Ⅰ.①危… Ⅱ.①宁… ②张… ③沈… Ⅲ.①危险品—泄漏—风洞试验—数值模拟 Ⅳ.①TQ086.5

中国版本图书馆 CIP 数据核字(2010)第 021698 号

出 版 人 曹胜利

地　　址　北京北河沿大街嵩祝院北巷 39 号,邮编 100009

电　　话　(010) 64027926　电子信箱　postmaster@ cnmip. com. cn

责任编辑　郭冬艳　美术编辑　张媛媛　版式设计　葛新霞

责任校对　白　迅　责任印制　牛晓波

ISBN 978-7-5024-5171-4

北京百善印刷厂印刷;冶金工业出版社发行;各地新华书店经销

2010 年 2 月第 1 版,2010 年 2 月第 1 次印刷

850mm×1168mm　1/32;5.125 印张;135 千字;149 页;1—1500 册

**22.00 元**

冶金工业出版社发行部　电话:(010)64044283　传真:(010)64027893

冶金书店　地址:北京东四西大街46号(100711)　电话:(010)65289081

(本书如有印装质量问题,本社发行部负责退换)

# 前　言

城市人口稠密，建筑物密集，危险品尤其是重气一旦在城市发生泄漏，就会造成巨大的损失。虽然近年来人们对重气造成的危害非常重视，进行过重气扩散过程的数值模拟和风险分析，但在高原山区气候条件下还未开展过城市重气泄漏扩散的风洞实验和数值模拟方面的研究工作。高原山区城市由于地面粗糙度大，气压又较低，其扩散行为有其独特的一面，开展这方面的研究十分必要。

本书以高原山区城市——云南省个旧市区为研究对象，在个旧市区局地流场特征研究中，以小球测风法观测了现场不同高度的风速，得出不稳定、中性和稳定条件下的风廓线指数，结果表明，山区城市的风廓线指数较大。

以1：1000的比例制作个旧市城区及周边地区模型，采用现场风廓线的观测结果调整风洞流场，通过调节速度分布器、布置粗糙元段和调整风栏，使风廓线指数达到目标值。通过布置不同间隔的测点考察不同地形下的风速变化情况，实验结果表明，由于城市复杂的地形和密集的建筑群，使得同一高度下各测点的风速和不同测点的风廓线指数存在较大的差异，通过分析下风轴线上的风场特征，结果表明过山气流和地物的黏滞等作用对流场的影响较大。

示踪实验采用以氟利昂12为示踪剂，采用扇形布点的方法对下风向不同点位进行采样分析。为了示踪实验的顺利进行，开发了一个快速分析示踪剂氟利昂12含量的气相色谱分析方法，峰高的定量效果略好于峰面积。通过分析示踪实验结果，发现存在某一风速（即危险风速）下重气浓度出现最大值，进一步研究后发现，危险风速下的宏观黏滞系数也出现最大值，并可以通过多项拟合求出此危险风速为 1.21 m/s。由于泄漏口下风向地势逐渐向下倾斜，因此，下风向的横风向重气浓度出现偏态分布，最高浓度出现在偏离下风轴线且地势较高的一侧。重气浓度在下风向 500m 以后随下风距离的变化趋缓，在下风向同一地面点随高度增加而减小，20m 高度以上重气浓度随高度的变化趋于平缓。

本书采用了气相流动和扩散的控制微分方程，选择了三种较为常用的湍流流动模型，通过分析比较，确定采用 Realizable $\kappa$-$\varepsilon$ 双方程湍流模型，运用 SIMPLE 方法为基础的控制容积法对控制微分方程进行离散化，选取中性条件下的风廓线指数作为边界条件，对离散化方程进行求解。流场和浓度场模拟结果与风洞实测结果吻合得良好，说明本书确立的模拟重气流动和扩散的数值模型和算法是适合高原山区地形条件的。通过分析重气密度、气压和气温对重气扩散过程的影响，发现在泄放质量流率等其他条件不变的情况下，重气密度越大，重气效应越明显；对于同一模拟点，标准大气压下的重气浓度比高原地区大气压 $8.10 \times 10^4$ Pa 下的低 6.2% ~ 24.7%，平均低 18.6%；0℃时的重气浓度比 23.5℃时的低 6.9% ~ 8.9%，平均低 8.2%。

本书是教育部春晖计划"ADMS 系统在个旧市空气质量预报中的应用"（项目编号 2003009）的研究成果之一，作者在此感谢教育部的大力支持！本书在编写过程中，得到了昆明理工大学环境科学与工程学院和个旧市环境保护局的支持和帮助，作者在此谨向他们表示由衷的谢意！

由于作者水平所限，书中不妥之处，敬请广大读者批评指正。

作　者
2009 年 6 月

# 符号说明

<<<<<<<<<<<<<<<<<<<<<<<<<<<<<<<<<<<<<<<<<<<<<<<<<<<<<<<<<<<<<<<<

$a$　　离散化方程系数

$b$　　离散化方程源项

$c_p$　　混合气体的定压比热，J/(kg·℃)

$c_{Pa}$　　空气的定压比热，J/(kg·℃)

$c_{Pv}$　　气相物料的定压比热，J/(kg·℃)

$C_D$　　排放系数

$C_l$　　无因子云遮盖系数

$C_{vol}$　　体积浓度,%

$C_\mu$　　湍流模型经验常数

$C_{1\varepsilon}$　　湍流模型经验常数

$C_{2\varepsilon}$　　湍流模型经验常数

$D$　　分子扩散系数，$m^2/s$

$D_t$　　湍流扩散系数，$m^2/s$

$g$　　重力加速度，$m/s^2$

$G_B$　　湍流脉动动能的浮力作用源项

$G_k$　　湍流脉动动能的源项

$k$　　分子导热系数，W/(m·℃)，湍流动能，质量传递系数，m/h

$k_t$　　湍流导热系数，W/(m·℃)

$L$　　特征长度，m

$L_a$　　环境大气的莫宁-奥布霍尔长度，m

$M$　　混合气体平均相对分子量，g/mol

$P$　　风廓线指数

$M_a$　　空气的相对分子量，g/mol

$M_v$　　扩散气体的相对分子量，g/mol

$p$　　储罐内绝对压力，Pa

$p_{amb}$　环境压力，Pa

$p_c$　气体的临界压力，Pa

$p$　大气绝对压力，Pa

$Q$　泄放物料的质量流率，kg/s

$Q_0$　湍流运动热通量，W/m²

$q_w$　壁面上的热流密度，W/m²

$R$　普适气体常数，残差

$S_u$　附加源项

$S_P$　附加源项

$T_0$　空气温度，K

$T_p$　与壁面相邻的控制体积节点处的温度，K

$T_w$　壁面切应力，壁面上的温度，K

$t$　时间，s

$\Delta t$　时间间隔，s

$U$　风速，m/s

$u$　$x$ 方向的速度分量，m/s

$u_*$　摩擦速率，m/s

$u_z$　离地 $z$ 高度上的平均风速，m/s

$u_1$　离地 $z_1$ 高度上的平均风速，m/s

$u^+$　流体的时均速度，m/s

$v$　$y$ 方向的速度分量，m/s

$\Delta V$　控制容积体的体积，m³

$w$　$z$ 方向的速度分量，m/s

$x$　坐标系的 $x$ 方向

$\Delta x$　$x$ 方向的距离变化

$y$　坐标系的 $y$ 方向

$\Delta y$　$y$ 方向的距离变化

$y^+$　网格到壁面的距离，m

$z$　坐标系的 $z$ 方向

$\Delta z$　$z$ 方向的距离变化，m

| $z_0$ | 地面粗糙度长度，cm |
| --- | --- |
| $\alpha$ | 欠松弛因子 |
| $\beta$ | 流体的容积膨胀系数 |
| $\beta_1$ | 湍流模型常数 |
| $\beta_2$ | 湍流模型常数 |
| $\Gamma$ | 广义扩散系数，$m/s^2$ |
| $\mu$ | 运动黏度，$Pa\cdot s$ |
| $\mu_t$ | 湍流黏度，$Pa\cdot s$ |
| $\nu$ | 动力学黏度，$m/s^2$ |
| $\varepsilon$ | 湍流耗散率，$m^2/s^3$ |
| $\phi$ | 因变量 |
| $\phi_\kappa$ | $\kappa$ 相似函数 |
| $\phi_\varepsilon$ | $\varepsilon$ 相似函数 |
| $\Psi_m,\Psi_\theta$ | $\Psi$ 相似函数 |
| $\theta$ | 脉动温度，K |
| $\Phi$ | 因变量，耗能函数 |
| $\omega$ | 质量分率，kg/kg |
| $\omega_j$ | 科氏力系数 |
| $\omega_v$ | 气相物料的质量分率，kg/kg |
| $\rho$ | 混合气体的密度，$kg/m^3$ |
| $\sigma_{\kappa0}$ | 湍流模型常数 |
| $\sigma_{\varepsilon0}$ | 湍流模型常数 |
| $\kappa$ | von Karman 常数 |
| $\kappa$ | 湍流耗散率，$m^2/s^2$ |
| $\theta_0$ | 地面位温，K |
| $\theta_*$ | 摩擦温度，K |

## • 上标

| 0 | 参考态 |
| --- | --- |
| new | 新一轮迭代值 |

| old | 上一轮迭代值 |
| T | 表示与温度有关 |
| c | 表示与浓度有关 |
| $\rho$ | 表示与密度有关 |
| * | 估计值 |
| ' | 脉动值 |

## ● 下标

| a | 空气 |
| b | 下部速度控制面 |
| B | 控制容积体下部节点 |
| e | 东部速度控制面 |
| E | 控制容积体东部节点 |
| i | 节点 $x$ 方向的位置 |
| in | 进口处 |
| j | 节点 $y$ 方向的位置 |
| k | 湍流动能，节点 $z$ 方向的位置 |
| m | 模型参量 |
| n | 北部速度控制面 |
| N | 控制容积体北部节点 |
| p | 原型参量 |
| s | 南部速度控制面 |
| S | 控制容积体南部节点 |
| t | 湍流、上部速度控制面 |
| T | 控制容积体上部节点 |
| u | $x$ 方向的速度分量 |
| v | $y$ 方向的速度分量、气相组分 |
| w | $z$ 方向的速度分量、水分、西部速度控制面、壁面 |
| W | 控制容积体西部节点 |
| x | 坐标系的 $x$ 方向 |

| y | 坐标系的 $y$ 方向 |
| z | 坐标系的 $z$ 方向 |
| $\varepsilon$ | 湍流耗散率 |

## ● 无因子准数

| $Fr$ | 弗劳德数 |
| $Ma$ | 马赫数 |
| $Pr$ | 普朗特数 |
| $Re$ | 雷诺数 |
| $Ri$ | 理查逊数 |
| $Ro$ | 罗斯贝数 |
| $Sc$ | 施密特数 |
| $\sigma_c$ | 湍流施密特数 |
| $\sigma_T$ | 湍流普朗特数 |

# 目　录

# 1 绪 论

## 1.1 目的及意义

随着工业的发展，使得化学物质在各行各业大量使用，尤其是在现代化的石油、化工、能源、交通等行业，大规模的生产、使用、运输、贮存易燃、易爆、有毒有害等特性的危险物质，隐藏了危险物质的爆炸、火灾、中毒等事故，泄漏造成人员伤亡，环境受到破坏的隐患。事故的发生不仅会导致巨大的经济损失，还可能带来灾难性的后果；不仅事故现场内部，而且邻近地区人员的生命与财产都将遭受巨大的损失和危害，尤其是对生态环境的损害更是无法挽回。

国内外曾发生过多次严重的化学物质泄漏事故，造成了巨大的危害。例如，1984 年印度博帕尔市郊的联合碳化物公司农药厂 45t 剧毒液体——异氰酸甲脂储罐事故性泄漏[1]，致使 3150 人死亡，5 万人失明，2 万多人受到严重毒害，15 万人接受治疗，20 多万人被迫转移；1987 年 10 月 30 日，位于美国得克萨斯州得克萨斯市的马拉松石油公司炼油厂发生约 10.03m$^3$ 氢氟酸事故性泄漏，并形成蒸气扩散于大气中，污染范围约达 13km$^2$，迫使约 4000 名居民避难，使 230 人因眼睛疼痛和呼吸困难被送进医院，其中约 50 人因伤势严重住院治疗；1989 年，美国得克萨斯石油化工厂发生的异丁烷泄漏事故，造成爆炸灾害，损失高达 7.3 亿美元。在我国此类事故也时有发生，1991 年 9 月 3 日，江西省贵溪农药厂一辆甲胺运输车在行至江西上饶沙溪镇时，一甲胺储罐阀前短管根部与法兰焊接处断裂，发生一甲胺严重泄漏事故，污染面积达 23 × 10$^4$m$^2$，126 户居民受害，中毒 595 人，156 人重度中毒而住院，其中死亡 42 人[2]；1998 年，西安市煤气公司液化气管理所储罐区发生了一起因液化气泄漏而引发的恶性火灾爆炸事故。事故从 3 月 5 日 16：00 时左右开始一直持续到 3 月 7 日 19：05，其间共发生 4 次爆炸。这次恶性爆炸事故造成 11 人死亡（其中消防人员 7 名，罐区工作人员 4 名）、1 人失踪、33 人受伤（烧伤者多数已终身残废）。炸毁 400m³ 球罐 2 个，100m³ 卧式储罐 4 个，烧毁气罐车十余辆，经济损失惨重[3]；据报道，2002 年 8 月 23 日凌晨，株洲市白石港航运码头发生一起严重的氯气泄漏事故，75 个装满液体氯气的钢瓶在洪水的浸泡下发生泄漏，当地数百名居民出现不同程度的中毒；2004 年 4 月 15 日晚，位于重庆市区的天原化工总厂发生氯气泄漏事件，16 日凌晨和下午又分别发生了两次爆炸，造成十余人死伤，附近约 15 万市民被迫紧急疏散；2004 年 10 月 6 日，陕西省榆林市神木县境内的天然气管道被一装载机挖裂，发生了一起天然气泄漏事故，泄漏时间长达 7h，4000 人连夜疏散，约有 $2 \times 10^6 m^3$ 的天然气泄漏，造成经济损失 600 余万元。此类恶性事故不胜枚举，所带来的严重后果和环境与社会问题远远超过了事故本身，严重地影响了当代过程工业及相关行业的顺利健康发展。

危险物质发生泄漏事故造成的人员伤亡非常大。据不完全统计[4]，自 1949 年 10 月到 2001 年 4 月，我国化工系统发生的 51 起重（特）大典型泄漏事故，涉及到 24 种危险物质，从事故的发生频率和造成危害来看，其中有 8 种危险物质应优先考虑并进行控制，如液氨、液氯、氯乙烯、液化石油气、一氧化碳、苯、一甲胺、硫化氢等。根据资料[4]报道，截至 1987 年的 20 ~ 25 年间，在 95 个国家登记的化学事故中，发生过突发性泄漏的常见化学品及其所占比例如表 1-1 所示。

从表 1-1 数据分析可以得知，液化气和气体类物质泄漏事故占到全部危险物质泄漏事故的 46.4%，且基本上都会形成重气云团。

**表 1-1　发生突发性泄漏的常见化学品**

| 类　别 | | 比例/% | 类　别 | | 比例/% |
|---|---|---|---|---|---|
| 物质名称 | 液化石油气 | 25.3 | 事故来源 | 运　输 | 34.2 |
| | 汽　油 | 18.0 | | 工艺过程 | 33.0 |
| | 氨 | 16.1 | | 贮存过程 | 23.1 |
| | 煤　油 | 14.9 | | 搬　运 | 9.6 |
| | 氯 | 14.4 | 事故原因 | 机械故障 | 34.2 |
| | 原　油 | 11.2 | | 碰撞事故 | 26.8 |
| 物质形态 | 液体物质 | 45.5 | | 人为因素 | 22.8 |
| | 液化气 | 27.6 | | 外部因素（如地震、雷击） | 16.3 |
| | 气　体 | 18.8 | | | |
| | 固　体 | 8.2 | | | |

危险物质泄漏后会由于以下三个方面的原因而形成比空气重的气体：（1）泄漏物质的分子量比空气大，如氯气等物质；（2）由于储存条件或者泄漏物质的温度比较低，泄漏后的物质迅速闪蒸，而来不及闪蒸的液体泄漏后形成液池，其中一部分液态介质以液滴的方式雾化在蒸气介质中，达到气液平衡，因此泄漏的物质在泄放初期，形成夹带液滴的混合蒸气云团，使蒸气密度高于空气密度，如液化石油气等；（3）由于泄漏物质与空气中的水蒸气发生化学反应导致生成物质的密度比空气大[5,6]。

根据有关统计数据，在因毒物泄漏造成的人员伤亡中，约有90%与重气泄漏有关。在通常情况下，为了贮存和运输的方便，经常将气态的化学物质贮存在钢瓶等压力容器中，以密闭、常温加压或低温常压的形式保存。一旦储存容器、输送管道由于种种原因失效时，泄漏物质在扩散初期容易形成密度大于空气、扩散规律不同于中性气体扩散的重气云团。重气云团由于重气效应，有下沉并沿着地面扩展的趋势，不易扩散、稀释，因此更容易产生较大的伤害和严重的后果。

重气泄漏扩散事故具有突发性强、危害性大、行为复杂等特点，这些严酷的事实表明，对重气泄漏扩散方面的研究，对其扩散规律采用适当的模拟试验进行描述，深入开展重气事故性泄漏过程数学模型研究，从而确定危险物质泄漏可能造成的影响程度和范围，这些对相关法规和标准的制定、重大突发性污染事故的应急预案和现场救护以及建设项目的安全、环境评价、科学预防事故性泄漏的发生、指导紧急救灾等都具有重要理论价值和实践意义。个旧市为预防危险物质泄漏对环境造成的影响，迫切需要危险品泄漏的风险评估与应急预案方面的技术支撑条件。国家 863 计划资源环境技术领域办公室于 2007 年 9 月 28 日发布"关于发布 863 计划资源环境技术领域'重大环境污染事件应急技术系统研究开发与应用示范'重大项目第一批课题申请指南的通知"中的课题 5——突发性大气污染事件模拟与风险控制技术即与此研究相关。

对于涉及有大量有毒有害危险物质的生产或储存装置，一旦发生事故性泄漏，便会导致严重后果，不仅源区内部，而且邻近地区人员的生命和环境都将遭受巨大的损失。以往发生的灾难性事故案例的严酷事实证明，对事故性重气泄漏过程进行研究刻不容缓。同时，该研究也是建立和完善社会防灾体系及城市减灾工作的重要内容之一。因此，本书内容不仅具有重要的理论价值，而且还具有很高的经济和社会意义。

高原山区城市由于地面粗糙度大，气压又较低，其扩散行为有其独特性的一面。本书以高原山区中小城市个旧作为研究对象，在风洞中模拟个旧市城区流场，并考虑不同气象条件的影响，采用 CFD 模拟城区事故性重气连续源泄漏扩散。

本书的主要内容包括：采用风洞实验的方法获得流场和浓度场的测定值，并使用测定值校验数值模拟方法，将数值模拟方法应用于风洞不能模拟的大气稳定度条件，对扩散过程的影响因素进行数值研究。

具体内容包括：

（1）采用小球测风观测个旧市区近地层流场；

（2）制作个旧市区 1：1000 的地物模型；

（3）通过小球测风获取不同大气稳定度条件下的风廓线指数，将现场小球测风获得的中性稳定度条件下的风廓线指数还原到风洞；

（4）采用 CFC12 作为示踪剂，采用扇形布点的方法对下风向的测点采样分析，考虑泄放源和地物的特点，分析中性条件下的重气浓度分布规律；

（5）采用有限体积法对包括质量守恒、动量守恒、能量守恒定律的方程组进行离散化，依据传递过程原理，结合国外研究的成果，确立重气纯气相流动扩散的流动、传热及传质相互耦合的微分方程组，提出一套流动、传热及传质相互耦合的比较完备的算法，采用重气流动和扩散过程数值模拟 CFD 计算程序，对实验工况进行模拟计算，并将计算结果与实验结果进行比较，检验数值模拟结果的可靠性；

（6）针对不同气象条件等计算参数，对重气流动和扩散过程进行数值模拟研究，并对各项计算参数对重气流动和扩散过程的影响进行分析。

总之，本书目的在于获取高原山区城市的流场特征，寻找重气浓度出现最大值时的危险风速，找出一套比较适合于模拟高原山区重气流动和扩散的数值模拟模型和算法，从而进一步提高我国在重气流动和扩散的数值模拟领域的水平，以便更好地为安全管理、事故调查分析、工程设计、应急措施及风险评估等提供依据。

## 1.2　重气泄漏的现状

自20世纪70年代以来，随着石油化工生产规模的扩大，危险性物质被频繁、大量地使用，导致重大事故性泄漏的频繁发生，引起了世界各国的广泛关注。国际上相继通过了《作业场所安全使用化学制品公约》（第170号国际公约，1990年）、《预防重大工业事故公约》（第174号国际公约，1993年）等，敦促世界各国实施相应的政策及预防保护措施，发展基础研究和重大灾害防治应用技术研究。同时，人们的安全环保意识增强，人们迫切需要知道自己工作、居住场所的环境状况和潜在的危险性以及当发生有毒有害物质泄漏时，应该怎样选择紧急处理措施来消除这些危险。美国、加拿大等许多工业发达国家先后投入了大量的人力、物力和财力开展事故性泄漏基础理论和相关控制技术的研究工作，并取得了水平较高的研究成果。

国外有关重气泄漏扩散过程的研究开展得较早，然而开展危险性重气事故性泄漏过程理论的研究却是在最近二三十年。事故性泄漏模式直接影响泄漏后危险性物质在大气中的迁移扩散，开展事故性泄漏模式的研究，确立相应的泄漏源模型，对于开展扩散研究具有重要意义。

国外在重气泄漏扩散方面的研究工作始于20世纪70~80年代，直到现在该领域的研究还比较活跃，其间提出了不少扩散的数学模型，同时也进行了许多大规模的试验。

重气泄漏研究方法分为三种，即现场实验、风洞模拟实验和数值模拟。

### 1.2.1　现场实验

进入20世纪80年代，英美等许多工业发达国家加强了对易燃易爆等危险物质泄漏扩散模型的深入研究，有计划、有步骤地开展了一系列的现场模拟实验[7~11]，见表1-2。

表 1-2　　国外进行的大型气体泄放试验一览表

| 试验名称 | Thorney Island（瞬时） | Thorney Island（连续） | Maplin Sands | Burro | Coyote | Desert Tortoise | Goldfish |
|---|---|---|---|---|---|---|---|
| 试验次数 | 9 | 2 | 12 | 8 | 3 | 4 | 3 |
| 试验介质 | 氟利昂氮气 | 氟利昂氮气 | LNG | LNG | LNG | $NH_3$ | HF |
| 泄放形态 | 气体重气 | 气体重气 | 沸点重气 | 沸点重气 | 沸点重气 | 二相重气 | 二相重气 |
| 泄放总量/kg | 3150 ~ 8700 | 4800 | 1000 ~ 6600 | 10700 ~ 17300 | 6500 ~ 12700 | 10000 ~ 36800 | 35000 ~ 3800Q |
| 泄放时间/s | 瞬时 | 460 | 60 ~ 360 | 79 ~ 190 | 65 ~ 98 | 126 ~ 381 | 125 ~ 360 |
| 泄放表面 | 沙土 | 沙土 | 水 | 水 | 水 | 沙土 | 沙土 |
| 表面粗糙度/m | 0.005 ~ 0.018 | 0.01 | 0.0003 | 0.0002 | 0.0002 | 0.003 | 0.003 |
| 大气稳定度等级 | D ~ F | E ~ F | D | C ~ E | C ~ D | D ~ E | D |
| 扩散最远距离/m | 500 ~ 800 | 472 | 460 ~ 650 | 140 ~ 800 | 300 ~ 400 | 80 | 3000 |
| 试验年份 | 1985 | 1985 | 1984 | 1982 | 1983 | 1985 | 1987 |

（1）Thorney Island Tests 通过三个系列常温常压下不同比例的氟利昂 12—氮气混合气的现场瞬时释放和连续释放实验来研究重气在事故排放后的扩散情况。实验地点在英国南海岸的一个废弃的空军基地 Thorney Island。

（2）Maplin Sands Tests 由壳牌石油公司在英国 Thames 海湾北海岸的 Maplin 沙漠地区做的一系列冷冻的液化天然气和液化丙烷的现场释放实验，实验目的是为了研究可燃重气泄漏扩散和燃烧行为。

（3）Burro/Coyote Tests 试验是在美国能源部的支持下，在美国加州中国湖（China Lake）上做的一系列液化天然气的现场释放实验。

此外，还有很多其他的现场实验，如 Desert Tortoise Tests（美国能源部内华达实验基地 NTS）、Goldfish Tests（美国内华达实验场）、Eagles Tests 在美国空军支持下进行的一系列 $N_2O_4$ 现场释放实验、Water Curtains（法国消防人员在处理化学品泄漏做的实验，1997 年）。

在大型实验方面，国内进行的比较少，1988 年在河南进行了氟化氢泄漏事故、二硫化碳贮罐爆炸事故的演习，检验了这类化学毒物泄漏灾害发生后的应急系统。

### 1.2.2　风洞模拟实验

风洞模拟实验研究自 20 世纪 80 年代以来取得了进展，相对于现场实验来说，更具有深入研究的意义，实验条件可以人为控制、改变和重复，在机理性研究和复杂地形条件下的扩散研究具有较大的优越性。由于花费的人力、物力、财力均大为降低，具有很强的现实可行性，因此很多科研人员进行了这方面的研究。

（1）1982 年 Robert N. Merony[12] 指出，风洞模拟重气扩散首先要模拟弗劳德数（$Fr$），密度比是次要的参数，为了使风速增大同时满足 $Fr$ 的要求，可以增大在模型中使用的重气密度。

（2）1986 年 P. A. Krogstad 等[13] 模拟了一个地面连续源情形的扩散，发现了烟羽沿轴线的分叉现象，建筑物对烟羽改变的影响很大。

（3）1989 年 Neff D. G. [14] 通过风洞实验模拟重气烟羽扩散，并与现场实验进行了对比，模拟效果较好。

（4）1991 年 G. Konig-Langlo 和 M. Schatzman[15] 利用风洞实验研究了可燃性气体（重气）在不利气象条件下的可燃距离，模拟了瞬时源和连续源两种情况，并用实验证实了密度比是次要的。

（5）1992 年 K. C. Heidorn 等[16]在小风条件下研究了障碍物对重气烟团扩散行为的影响。

（6）1994 年 P. T. Robert 等[17]研究了粗糙度的影响，N. J. Duijm 等[18]通过风洞实验研究了两类障碍物对重气扩散的影响，结果表明障碍物和地面其他障碍物对中性气体和重气的扩散有着重要的影响。

（7）1996 年 Winston L. Sweatman 等[19]用风洞实验研究了重气瞬时源扩散现象，主要研究了浓度随时间的变化。

（8）1997 年 I. R. Cowan[20~22]对风洞模拟结果与数值模拟结果进行了比较，其风洞模拟简单建筑物的情形，泄放源开口于建筑物的侧面。

（9）1998 年 Guwei Zhu 等[23]研究了重气烟羽对流场的影响，所用源是一个地面上的圆形面源，并用源理查逊数区分扩散过程的特性。

（10）2001 年 Alan Robins 等[24,25]分别在中性、稳定层结合不同粗糙度表面上进行了烟羽的扩散规律研究。

（11）2005 年 J. P. Kunsch 等[26]用光学测量技术研究了冷重气烟云的卷挟和热力特性。

我国风洞模拟实验始于"八五"期间，中国环境科学研究院大气所与原化工部劳保所做过重气管道泄漏和储罐爆炸两种情形的风洞模拟实验，但实验工作未能全部完成；1995 年中国环境科学研究院大气所[27]在中性大气条件下对重气瞬时源和连续源的扩散现象进行了风洞实验，模拟了丘陵地区化工厂生产装置管道破裂造成的有毒气体连续 30min 泄漏扩散情况，实验结果表明，在小风时下沉过程和卷吸过程明显分开，扩散为贴地扩散，无论在污染浓度还是污染范围上，都比大风时严重；2001 年北京大学环境科学中心[28]做了风洞实验，研究重气瞬时和连续泄放后的扩散行为，并讨论几种障碍物对重气扩散的影响；此外，北京城市有毒有害易燃易爆危险源控制技术研究中心与北京大学环境科学中心合作对重气连续泄漏和瞬时泄漏两种情况进行了风洞模拟实验研究[29]，并将实验结果与国外应用广泛的一种重气扩散模式 SLAB 的模拟结果进行了对比分析。

2006 年秦颂[30]等分析了用盐水模拟方法研究意外泄漏的重气在大气中的扩散过程，通过假设重气为不可压缩气体以及在均匀温度场中扩散等条件，推导出模拟实验的准则数。采用缩比模型的盐水模拟实验，对重气在大气中的扩散速度及浓度变化进行了分析，证实了重气扩散过程中的重力沉降、密度分层以及近源区分叉等现象。

### 1.2.3　数学模型

目前，国外已经开发的扩散模型种类繁多，复杂程度也不同，从简单的箱模型与相似模型，到较复杂的浅层模型，再到完全三维的流体力学模型。除了以上三类主要模型外，一些组织为了便于运用，采用了一些经验关系式和图表进行计算，暂且称为唯象模型。下面分别介绍各类模型的基本原理和模拟方法及其优缺点。

#### 1.2.3.1　唯象模型

唯象模型是指通过一系列图表或者简单关系式来描述气体扩散行为的。其中 Britter 和 McQuaid[31]在其重气扩散手册中推荐了一套简单而实用的方程式和列线图，称之为 B-M 模型。他们根据收集的许多重气扩散的实验室和现场实验研究结果，以无因次的形式将数据连线，并绘制成与数据匹配的曲线或列线图。该模型属于经验模型，较简单，外推效果较差。一般用于确定工厂警戒线处所发生的主要影响的基本物理要素。德国的VDI[32]模型采用了与 B-M 模型类似的方法。

#### 1.2.3.2　箱模型及相似模型

箱模型是指假定浓度、温度和其他场在任何下风横截面处的场是均匀的，而在其他地方为零，相似模型则假定下风向横截面处为相似分布（如高斯分布）等简单形状。

（1）**箱模型**。对于瞬时的重气释放，Van Ulden[33]提出了箱模型的概念，即将重气云当做一个初始体积为 $V_0$、初始高度为 $H_0$ 和初始半径为 $R_0$ 的圆柱形箱，与被动扩散的高斯模型相比，主要的改进是考虑到气云的重力沉降现象，即在重力作用下，气云下沉，半径增大，同时高度减小。

对于稳态连续的重气释放，多数是由烟团模型类推形成相应的烟流模型。依据 Fryer 和 Kaiser[34]的烟团模型 DENZ，Jagger[35]开发了相应的烟流模型 CRUNCH。他们假定烟流截面为高为 $H$、宽为 $2L$ 的矩形，并将半径和高度随时间变化的微分方程改变为半宽和高度随下风距离变化的方程，径向重力扩散速度则变成了侧向重力扩散速度，而卷吸速度是不变的。Manju Mohan[36]等开发的 IIT 重气模型以箱模型为基础，采用数值积分的方法分别计算瞬时和连续释放的重气扩散情形。

当气云内气体混合物密度降到很低时，气体扩散行为表现为被动扩散。在被动扩散阶段，当越过气云的气体浓度分布接近高斯分布时，仍然假定为均匀分布就不再合理。所以，大多数假定是当相对密度差降到低于某个极限（比如 0.01 或 0.001 等）时重气效应消失。在转变点之后，多数箱模型转为高斯烟流或烟团模型。

（2）**相似模型**。相似模型主要是针对 HEGADAS[37,38]和以 HEGADAS 为基础开发的模型。相似模型是对箱模型概念的扩展，考虑到气云内部浓度和速度的分布，并采用湍流扩散系数而非空气卷吸速度的方法。壳牌公司 HEGADAS 模型是 HGSYSTEM 系统软件包的重要组成部分。HEGADAS 模型既有处理稳定连续释放的定常态版本，也有预报来自液化气液池蒸发在中等风速或大风条件下扩散的瞬态版本。DEGADIS[39]模型是在 HEGADAS 模型基础上进行的改进，是美国海岸警卫队和气体研究院共同开发的。

箱模型和相似模型的主要区别是：（1）浓度分布。假定风速呈幂指数分布，对浓度而言，定常态的 HEGADAS 模型类似于箱模型，不同点在于假定侧风方向上最初的浓度是均匀的，之后随着气云边缘的扩散而逐渐形成高斯分布，气云内核均匀的浓度也逐渐变成高斯分布。(2) 相似模型可以模拟瞬态释放。对于变源强气体释放（比如液池的蒸发），假定有许多的"烟团"源源不断地从释放源流出，观察此时气体由液池向上抬升的速率，并使用定常态模型计算该气体的扩散。

当沿风向的重力扩展起主要作用时，瞬态 HEGADAS 模型存在一定的困难，因为模型中对影响重气扩散的因素未加考虑。

总而言之，箱模型及相似模型具有概念清晰、计算量较小等优点，可为风险评价、应急预案制定等提供指导。但其本身也存在局限性，在模拟一些特殊情况下的扩散过程时具有很大的不确定性。

### 1.2.3.3　浅层模型

数值模拟（见 1.2.3.5）方法需要大量的计算机时，在工程应用中受到较大的限制，箱模型方法比较常用，但过于简单，包含某些不适宜的假定。为此需要一种折中的方法，也就是对重气扩散的控制方程加以简化来描述其物理过程。由于垂直方向上重气的抑制作用以及近似均匀的速度，因此自然地想到可采用浅水方程，即所谓的重气扩散浅层模型。它是基于浅层理论推广得到的。

浅层理论常用于非互溶的流体中，很多学者对浅层模型作了进一步的开发，Wheatley 和 Webber[40] 对带卷吸和热量传递的浅层模型进行了推导。Zeman[41] 早在 1982 年就推荐采用浅层模型，后来 Ermak[42~45] 等将其发展为 SLAB 模型，该模型求解质量、组分、下风动量、侧风动量和能量的侧风平均守恒方程，以及气云宽度方程和理想气体状态方程。Wurtz[46] 等开发了一维 DISPLAY1 和二维 DISPLAY2 两种浅层模型，运用于不同复杂程度的泄漏情形。

### 1.2.3.4 随机游走模型

以往随机游走模型主要应用于中性气体扩散特征的模拟，随着计算机能力的提高，随机游走模型已被大量应用，由点源扩散的数值模拟，逐渐发展到了浮力气体扩散[47]，以及重气扩散模拟[48]。因为气象模式提供了粒子随机游走所依赖的平均风场及湍流特征资料，所以，精确的风场资料对于随机游走模型的正确模拟是十分重要的。由于风场精度的限制，通常只能得到一些定性而非定量的结果。

### 1.2.3.5 数值模拟

20世纪70年代以来，随着计算机的普及和计算能力的提高，以及近似计算方法，如有限差分法、有限元法、有限体积法等的发展，基于数值计算的计算流体力学（Computational Fluid Dynamics，CFD）方法得到了蓬勃发展。这里England[49]等首先采用CFD方法模拟重气扩散的三维非定常态湍流流动过程。这种数值方法是通过确立各种条件下的基本守恒方程（包括质量、动量、能量及组分质量等），结合一些初始条件和边界条件，加上数值计算理论和方法，从而实现模拟真实流场、温度场、浓度场等各种场的分布，以实现对扩散过程的详细描述。该方法既适用于平坦地形也适用于复杂地形。这种基于Navier-Stokes方程（以下简称N-S方程）的完全三维的流体力学模型的预测方法，具有可以模拟所有重要的物理过程的内在能力。

重气的输送与扩散一般发生在大气边界层内，大气边界层研究中的核心问题是湍流问题[50]。关于湍流的工程模式和计算机数值模拟的文献较多，已经采用的数值计算方法分为两类：直接数值模拟（DNS）和非直接数值模拟。非直接数值模拟分为大涡模拟（LES）、湍流统观模拟（RANS）和统计平均法。湍流统观模拟又分为涡黏性模型和雷诺应力模型。其中DNS和LES对计算机硬件要求很高，因此，对于大多数应用者而言，采用 RANS 更为可行。

A　涡黏性模型

涡黏性模型通过将二阶关联项表示成与时均速度场、能量场和浓度场之间的关系，分为零方程模型、单方程模型和双方程模型等。

（1）**零方程模型**。零方程模型是指无需求解任何微分方程，而只需用代数运算将湍流流场中涡黏性系数流场中某局部时均速度或速度梯度联系起来的模型。该方法在被动污染物流动中得到了广泛的应用，1978 年 England[49] 等将这种方法扩展到模拟浮力控制的 SIGMET 模型中。

20 世纪 40 年代，苏联学者的工作使大气湍流研究有了重大的发展。尤其值得强调的是，由莫宁（Monin）和奥布霍夫（Obukhov）提出的联系热力湍流与机械湍流的"相似理论"根据量纲分析提出动力和热力作用可以归结为一个特征长度 L——Monin-Obukhov 长度来描述，于是无量纲风速梯度与无量纲温度梯度也就由一个无量纲高度 $z/L$ 的普适函数来唯一确定。Chan[51,52] 等人在运用边界层相似理论基础上，进一步考虑重气云存在的影响并作出了特殊的修正，开发了 FEM3 模型。

对于垂直方向涡黏性系数，考虑重气的分层会抑制垂直方向的湍流；对于平坦地形条件下的重气扩散，只有当再定义一个摩擦速度时才可以应用湍流边界层相似理论。

在涡黏性系数零方程模型的范围内，还有一种计算方法是采用普朗特的混合长度理论，该理论认为应该取混合长度 $l$ 作为特征长度，并以它与速度梯度的乘积作为特征速度来计算涡黏性系数和雷诺应力。

零方程模型的优点是简单、直观，无须增加微分方程，而且前人已积累了丰富的经验，可根据具体情况选择合适的参数。一般来说，零方程模型用于模拟较简单的湍流动能取得较理想的结果。基于相似理论的零方程模型在大气边界层的运用已相当普遍，对于重气流动的修正尚需进一步完善。虽然混合长度模型在湍流模拟的研究方面占有重要地位，但是混合长度模型假定涡黏性系数仅是流场当地性质的函数，湍流脉动速度与当地平均速度的梯度成正比，而实际上体现湍流脉动的涡黏性系数是流动状态的函数，受到对流和扩散过程的影响，因此，模型中认为涡黏性系数正比于平均速度的梯度是不合理的。

（2）**单方程模型。**为了克服混合长度模型的局限，于是引入基于湍流动能输送方程及湍流长度尺度经验表达式的单方程封闭模型。

确定涡黏性系数的关键在于确定流场中各点的湍流动能 $k$ 及湍流的长度尺度 $l$。湍流动能的控制方程可直接从 N-S 方程出发，并近似处理扩散项、剪切项、浮力项和湍流动能耗散项。在该模型中，需要对 $l$ 作出规定才能使方程组封闭，计算 $l$ 的公式也需考虑浮力的影响。

成功应用单方程模型的例子是 Bartzis[53] 开发的 ADREA-HF 模型，该模型不仅可以用于平坦地面上的扩散，而且可以用于有障碍物存在时的扩散。

Nee 和 Kovasznay[54] 的模型仍采用涡黏性系数的概念但它直接给出涡黏性系数本身所满足的微分方程，该模型在中性大气中得到了广泛的应用。Schreurs 和 Mewis[55] 将该模型进行扩展，在方程中增加浮力生成耗散项，以包括分层的影响。

与混合长度模型相比，单方程模型考虑了湍动能的对流、扩散作用对湍流的影响，克服了其不足。但为使该模型封闭，仍需要用代数式给出 $l$，这就使其使用范围与混合长度模型一样受到制约，自然想到建立 $l$ 或与 $l$ 对应的某个因变量（如 $\varepsilon$）的控制方程，这就是双方程模型。

（3）**$\kappa$-$\varepsilon$ 双方程模型。**Deaves[56] 开发的 HEAVYGAS 模型采用上面的 $\kappa$-$\varepsilon$ 湍流模型用于模拟 Thorney Island 029 号试验，能模拟出障碍物附近的尾流，并可以给出复杂重气扩散的定性结果。由于标准的 $\kappa$-$\varepsilon$ 模型没有考虑到浮力对湍流的影响，因此不适用于浮力影响起重要作用的流动，于是出现了各种浮力修

正的 $\kappa$-$\varepsilon$ 模型。之后，Jacobsen 和 Magnussen[57] 对标准的 $\kappa$-$\varepsilon$ 湍流模型进行改进，考虑表征密度分层梯度当地的理查逊数 $Ri$ 的影响，对扩散系数进行了修正，使用该模型对 Thorney Island 008 号试验数值模拟的结果与实验数据吻合得较好。

总之，修正的 $\kappa$-$\varepsilon$ 模型都能在一定情形下，针对具体问题取得较好的模拟结果，能弥补标准的 $\kappa$-$\varepsilon$ 模型的一些不足，大大扩展了 $\kappa$-$\varepsilon$ 模型的应用范围。

涡黏性模型有两个基本点：一是 Boussinesq 的雷诺应力公式，二是认为湍流输送可以用湍流动能和长度尺度来表征。雷诺应力公式把雷诺应力与时均流场直接挂钩，无法正确描述时均流场梯度为零而雷诺应力不为零的流动；湍流动能和长度尺度都是标量，它们构成的涡黏性系数无法体现出湍流输送的各向异性。这两方面的弱点使得 $\kappa$-$\varepsilon$ 模型在分析受到明显的障碍物影响的流动中，难以得到与实验数据一致的结果。这种不一致反映了涡黏性模型本质上的不足。

**B　雷诺应力模型**

鉴于涡黏性模型的不足，许多学者在湍流理论的研究中，完全抛弃了涡黏性的假设，而直接建立雷诺应力微分方程，然后再作出适当的简化，使方程组封闭。这就是所谓的雷诺应力模型（Reynolds Stress Model，RSM），也称为二阶矩封闭（Second-Moment Closure）模型。求解雷诺应力的方程有两种形式：一种是微分形式的雷诺应力输送方程模型（Differential Stress Model，DSM），另一种是其简化形式，即代数应力模型（Algebraic Stress Model，ASM）。

（1）**雷诺应力的微分方程模型**。1945 年周培源教授[58] 在世界上首次建立了一般湍流的雷诺应力满足的输送微分方程组，其中又出现了三元速度关联等新的未知量。对自由湍流问题，他在此基础上引进了一些假设，使方程组封闭。对更一般的问题，他又进一步导出了三元速度关联所满足的动力学微分方程，通过适当的简化，最终可建立起封闭的方程组。

由于对高阶项简化处理方法的不同，因此形成了不同的应力方程模型，并且近年来获得了迅速的发展。在受重力场影响的流动体系中，密度的不均匀性会产生浮力，浮力对时均流场有直接影响，浮力对时均流场的影响体现在动量方程的重力项中。在湍流体系中，密度的不均匀性导致密度脉动，密度脉动产生的脉动浮力影响湍流场，浮力对雷诺应力的影响分别体现在雷诺应力方程的产生项、压力应变项、扩散项和耗散项中，其模拟相当复杂。

二阶封闭模型较涡黏性模型更多地保留了湍流流动的信息，从数学上讲更严格，从物理意义上看能更深一层次地接近湍流的物理本质。尽管如此，但它在理论上、在实现过程中仍有很多缺陷。多年的计算实践表明，DSM 虽然能考虑一些各向异性效应，但是并不一定比其他模型的效果好，对于一般的回流流动，其结果并不一定比 $\kappa\text{-}\varepsilon$ 模型的好。另一方面，DSM 对于工程应用而言显得过于繁杂，所需计算时间长、耗资大。再就是模型中的常数太多，其通用性如何，尚待大量的实验验证。最后的计算中要给定各个应力的边界条件，然而这是很难事先确定的。以上几方面的原因，DSM 在工程计算中尚未得到广泛应用，也未见文献报道在重气扩散模型中采用 DSM。

（2）**雷诺应力的代数方程模型**。DSM 的计算工作量之所以很大，是因为雷诺应力的方程都是偏微分方程，其实，雷诺应力的微分只包含在对流与扩散两项中。在某些条件下可略去对流与扩散项，或部分保留其效应，方程就化为代数方程，计算工作量便可大幅度的减少。这就是代数应力模型，也称为扩展的 $\kappa\text{-}\varepsilon$ 模型。

Bettes 和 Haroutunian[59] 开发的 FEMEST 模型，为了模拟重气释放情形中所遇到的近地面的强分层效应，将各向同性的 $\kappa\text{-}\varepsilon$ 模型扩展以考虑各向异性的湍流扩散，也就是将标量形式的涡黏性系数/扩散系数用相应的涡黏性系数/扩散系数张量代替，用扩展的涡黏性系数表达式模拟未知的湍流通量，模型考虑了地面附近的强分层效应。湍流模型作了部分简化，从而开发了 FEM3 的升级版 FEM3C 模型。

　　一方面，ASM 保留了湍流各向异性的基本物理特征，而且与浮力效应有关。另一方面，与 DSM 相比，ASM 的微分方程数目大为减小了，比常规的 $\kappa\text{-}\varepsilon$ 模型仅多了一些代数表达式，而且无需单独给定应力分量的边界条件。$\kappa\text{-}\varepsilon$ 双方程不能反映法向应力的各向异性问题，法向应力之间差别会产生横断面上的湍流次生流，这些次生流对流场整体特性会产生显著的影响，而且会强烈地影响污染物的浓度分布。ASM 对于分层流产生、发展与消失的研究具有重大的工程实践意义，是当代一种较为实用的模型。

　　国内在数学模型研究方面，化工部劳动保护研究所于 1996年开发了 HLY 模型[60] 及 HLY 模型计算机仿真；张启平[61,62] 等对重气扩散过程的重气效应进行了描述；魏利军等[63,64] 运用了三维模式模型对一次现场实验数据进行了模拟验证；蒋军成、潘旭海[65] 在箱模型的基础上，结合虚拟点源模型，建立了一种新型的描述重气泄漏扩散过程的模型 LTA-HGDM（Heavy Gas Dispersion Modeling Laminar and Turbulent Atmosphere）；潘旭海、蒋军成[66] 对重气云团瞬时泄漏扩散作了数值模拟研究，得出了重气云团外形尺寸（$R$ 和 $H$）和空气卷吸量随时间的变化关系，以及下风向固定点处地面最大浓度值；蒋军成、潘旭海[67] 应用事故后果模拟分析针对 1996 年 1 月 21 日在西班牙发生的一起液氯泄漏事故的后果进行了模拟分析，探讨了数学模型模拟方法在泄漏事故后果预测及制定重大泄漏事故应急预案方面的应用。沈艳涛[68~70] 等运用 CFD 模型对 Thorney Island Test Phase I trail 008 试验结果进行了验证。黄琴[71,72] 等运用 Fluent 中的标准双方程湍流模型，对重气瞬时和连续泄漏的扩散进行了模拟，预测了重气扩散过程中参数的变化。

## 1.3　评价与展望

　　从国内外重气泄漏扩散的研究概况来看，研究重气泄漏扩散的方法主要有现场实验、实验室模拟和数值模拟，它们各有优缺点。现场实验耗资大，大都在平坦地面或平静的水面这样的理想地形下进行，实验不可重复，无法系统地研究在复杂条件下的重气扩散规律，但为实验室模拟和数值模拟提供了宝贵的数据。实验室模拟具有现场实验的直观性，比较节省人力、物力和财力，实验条件可人为控制，在机理性研究和复杂地形条件下的大气扩散研究具有较大的优越性，但需要较多的资金来支持建设。由于投入不足，国内在物质事故性泄漏领域很少开展实验研究，尤其未对高原山区地形条件下城市的重气泄漏进行风洞实验，大多数研究工作均是在国外公开发表的实验数据基础上进行的。数值模拟对确定危险物质泄漏可能造成的影响程度、范围和重大突发性污染事故的预案制定等有一定的帮助，但因考虑到计算量的问题，作了简化和假设，不能与现实有较好地吻合。如今，随着计算机技术高度发展，大气扩散与质量模型的进一步成熟以及实验室模拟现场技术的提高，实验设备的改进，使得风洞模拟与数值模拟相结合的研究工作成为一个重要的研究方向。

# 2 实验方法及装置

## 2.1 实验方法

环境风洞是模拟大气边界层流动的一种装置，主要用来研究复杂地形或建筑物周围的流场特征和污染物的迁移、扩散规律。

### 2.1.1 风洞模拟的基本理论

风洞模拟的理论基础是量纲分析与相似理论，其基本假设有两个：

（1）物理过程的本质与所选取的测量单位无关；

（2）两现象相似的充要条件是满足同一个微分方程及其初始边界条件。

下面的讨论即以两个基本假设为前提。从流体力学方程出发可分析得到物理模拟需要满足的条件，再根据大气边界层的其他特性给出其他相似条件。建立 $x$, $y$, $z$ 正交坐标系，大气边界层流动的基本方程组可表示如下：

连续方程：

$$\partial \rho / \partial t + (\rho u_i)_i = 0 \qquad (2\text{-}1)$$

动量方程：

$$\partial u_i / \partial t + u_j u_{ij} + 2\varepsilon_{ijk}\omega_j u_k = -p_i / \rho_0 - \Delta T / T_0 g \delta_{ij} + \nu u_{ij} + (-u_i' u_j')_j$$

$$(2\text{-}2)$$

能量方程：

$$\partial T / \partial t + u_j T_j = K / \rho_0 c_p T_{ij} + (-\theta' u_j')_j + \varphi / \rho_0 C_p \qquad (2\text{-}3)$$

式中 $\rho$——空气密度；

$\omega_j$——科氏力系数；

 $g$——重力加速度；

 $\nu$——动力学黏性系数；

 $T$——空气温度；

 $K$——空气的传热系数；

 $c_p$——空气的定压比热；

 $u_j'$——脉动速度；

 $\theta'$——脉动温度；

 $\varphi$——耗能函数。

 式中用到约定求和法则，Kronecher 符号 $\delta_{ij}$ 以及置换张量 $\varepsilon_{ijk}$，式（2-2）用到了 Boussinesq 近似（有关对 Boussinesq 近似的讨论可参看文献[73]）。

 由上述大气边界层流动的基本方程组出发，对其中物理量的无量纲作如下处理：

$$x_i^* = x_i/L \tag{2-4}$$

$$t^* = tU/L \tag{2-5}$$

$$u_i^* = u_i/U \tag{2-6}$$

$$T^* = T/T_0 \tag{2-7}$$

$$p^* = p/\rho_0 U^2 \tag{2-8}$$

$$\rho^* = \rho/\rho_0 \tag{2-9}$$

$$\omega_j^* = \omega_j/\Omega \tag{2-10}$$

$$u_j^* = u_j/U \tag{2-11}$$

$$\Delta T^* = \Delta T/T_0 \tag{2-12}$$

$$\theta'^* = \theta'/T_0 \tag{2-13}$$

式中，$L$ 为特征长度；$U$ 为特征速度；$T_0$ 为特征温度，代入式（2-1）、式（2-2）、式（2-3）进行推导，为方便起见，省去"$*$"号，得无量纲形式的方程：

 连续方程：

$$\partial \rho / \partial t + (\rho u_i)_j = 0 \qquad (2\text{-}14)$$

动量方程：

$$\partial u_i / \partial t + u_j u_{ij} + 2\varepsilon_{ijk}\omega_j u_k / Ro = -p_i - Ri\Delta T\delta_{ij} + u_{ij}/Re + (u'_i u'_j)_j$$

$$(2\text{-}15)$$

能量方程：

$$\partial T / \partial t + u_j T_j = T_{ij}/(PrRe) + (-\theta' u'_j)_j + \phi ReEc \quad (2\text{-}16)$$

式中

$$Re = UL/\nu \qquad (2\text{-}17)$$

$$Ri = \Delta T/T_0 gL/U^2 \qquad (2\text{-}18)$$

$$Ro = U/L\Omega \qquad (2\text{-}19)$$

$$Pr = \rho_0 C_p \nu / K \qquad (2\text{-}20)$$

$$Ec = U^2 / C_p T_0 \qquad (2\text{-}21)$$

这 5 个无量纲参数原则上是模拟应当考虑的参量。不同的无量纲化方法会得到不同的相似准则，以上无量纲方法为 Cermak[74] 所用，Plate[75] 无量纲化时单独引入时间尺度，得到 Strouh 数，对于恒定来流的物理模拟，此相似准则可略去。

### 2.1.2　风洞模拟的相似准则

模型流动和原型流动的无量纲运动方程在形式上相同，若再能保证上述 5 个无量纲参数和方程对应的边界条件相似（下边界条件即地面起伏状况、温度分布；上边界条件即自由流速、边界层顶温度分布等；对应模拟区域的水平压力梯度等），则模型流动和原型流动从原则上就满足了严格的相似性。但这样的要求只有在几何缩比为 1 的量级时才能达到[76]，此时模拟也就失去了意义。实际上具体做模拟实验时用不着全部模拟所有的相似条件，只需根据具体情况满足其主要的控制条件即可，许多相似条件经分析可以放宽。下面逐一分析这 5 个相似条件及对应的边界条件。

（1）**Re 数**。$Re = UL/\nu$，可改写为 $Re = U^2/L : \nu U/L^2$，代表惯性力与黏性力之比。早期湍流的研究正是从 $Re$ 数开始的。风洞中流动所能达到的 $Re$ 数远远低于实际大气的 $Re$ 数，Cermak[74]建议环境风洞模型流动的 $Re$ 只要大于某临界值 $Rec$ 即可，取 $Rec = 10^4 \sim 10^6$。其依据是 $Re$ 足够大时，边界层湍流结构已经充分发展，阻力系数与 $Re$ 无关，湍流结构的相似性得到满足，达到所谓雷诺数自模拟[77]。因此，足够大的 $Re$ 数可作为 $Re$ 相似的准则，当模拟的雷诺数大于临界雷诺数 $Rec$ 时，称模拟的湍流流动进入雷诺数无关状态。边界层风洞模拟时这项相似准则很容易达到。

另一个也被广泛使用的有关 $Re$ 的相似准则是所谓 Nemoto 相似准则。Nemoto 认为，若模型和原型流动的湍流结构几何相似，则此两个流动的平均流型相似。用到的两个基本假设为：

1）模型和原型流动是局地各向同性的；

2）流场中每点的湍流结构由该点的 Kolmogorov 速度 $v$ 和微尺度 $\eta$ 决定。

事实上，假设 1）在雷诺数很大时自动满足[78]，而对假设 2），Nemoto 认为可用下面的表达式表示模型与原型的相似：

$$v_m : v_p = U_m : U_p \qquad (2\text{-}22)$$

$$\eta_m : \eta_p = L_m : L_p \qquad (2\text{-}23)$$

由耗散率 $\varepsilon = \nu_3/\eta$，进一步可导出：

$$U_m : U_p = (\varepsilon_m : \varepsilon_p)^{1/3}(L_m : L_p)^{1/3} \qquad (2\text{-}24)$$

上式被称为 Nemoto 相似准则。实际应用时许多研究人员假设耗散率相同，这样就得到一个更简洁的表达式（如姚仁太等[79]）：

$$U_m : U_p = (L_m : L_p)^{1/3} \qquad (2\text{-}25)$$

（2）**Ri 数**。$Ri = \Delta TgL/(T_0 U^2)$，代表低层大气热力学稳定度。因 $Fr = U/\sqrt{gL\Delta T/T_0}$，故有 $Ri = Fr^{-2}$。在大气近地面层的

$Ri$ 数一般在 $-1 \sim 1$ 之间，设 $L = 10\text{cm}$，$U = 1.0\text{m/s}$，$T_0 = 300\text{K}$，则 $\Delta T = 300\text{K}$。因为实现上的困难，$Ri$ 数的模拟仅限于大 $\Delta T$、小来流速度 $U$。由于维持温度层结的费用很高，一般的工程应用不对此作风洞模拟，中性层结实验则不考虑此项。

（3）**$Pr$ 数**。$Pr = \rho_0 C_p \nu / K$，代表动量传输与热传输之比。风洞模拟中使用的介质就是大气，与原型相同，此项相似条件自动满足。

（4）**$Ro$ 数**。$Ro = U/L\Omega$，可改写成 $U^2/L : U\Omega$，代表惯性力与科氏力之比。对小尺度地形和建筑物的扰动流场，科氏力的作用可以忽略。Snyder[80] 将 Csanady[81] 的观测结果和风洞实验结果进行了对比，发现扩散区域超出 5km 以上后，科氏力的影响变得重要起来。这一结论限定了风洞模拟污染扩散区域的上边界。若有必要模拟超出 5km 范围的区域，可采用风洞侧壁打孔注气或吸气的办法，以形成所需的横向流动，或者用一大的旋转箱来模拟[82]，一般的环境风洞考虑到这样做的费用及操作的复杂性而放弃了对 $Ro$ 的模拟。对于复杂地形，由于支配流动的主要因素是地形，5km 的模拟限制还可放宽。

（5）**$Ec$ 数**。$Ec = U^2/C_p T_0$，代表动能与内能之比。在空气中，$Ec = 0.4 Ma^2 T_0/\Delta T$，实际大气中 $Ec \leqslant 1.0$，在大气边界层流动中，该项对气流的动力学特性不会有很大影响[83]，故模拟时一般可忽略。

（6）**边界层下部固壁边界条件相似性要求**。模型上风向的地面起伏与粗糙度不必与原型完全严格相似。因为充分发展的湍流有很强的"忘性"，其边界条件状况对流场的扰动在经过较长距离的湍流运动充分发展后，所生成的涡运动的一部分因湍涡的串级输送而失去边界条件的"烙印"，一部分因压力的平均作用而被均匀化，故可用一般的粗糙元（在风洞中一般用可调节的鱼鳞板阵列）造成与平均流动同样的动量损失。

模型污染源附近及下游的要求：

1）粗糙度几何相似[84]，$(z_0/L)_m = (z_0/L)_p$，其中 $z_0$ 为地

表粗糙度，$L$ 为特征长度，下标 $m$ 为模型参量，$p$ 为原型参量。

2）地形起伏满足几何相似。

3）地表温度要求在中性层结条件下不予考虑。

（7）**边界层上部边界条件**。要求模型流动径向压力梯度 $-\mathrm{d}p/\mathrm{d}x = 0$，因为真实大气流动的上边界为自由流动。风洞中因有上壁与侧壁限制，随着它们形成的边界层厚度的增长，风洞实验段的有效横截面积缩小。根据连续方程，风洞中心的流速会加大，径向压力梯度 $-\mathrm{d}p/\mathrm{d}x > 0$。为保证自由流速不随下风距离改变而加大，有必要对风洞的顶板或侧壁进行调整，一般是调节顶板。

因此边界条件中需满足：

1）关心区域地形起伏及粗糙度的几何相似；

2）$-\mathrm{d}p/\mathrm{d}x = 0$。

### 2.1.3 中性大气边界层的近似模拟

通过放宽相似要求，对相互有矛盾的相似要求进行必要的取舍而进行的风洞模拟是一种近似模拟。综上所述，这里给出近似中性边界层大气模拟的相似性要求：

（1）$Re > 10^4$；

（2）关心区域地形起伏和地物的几何相似；

（3）风洞轴向压力梯度 $-\mathrm{d}p/\mathrm{d}x = 0$。

对近似模拟出的边界层需要与实际大气边界层进行对比检验，检验内容通常包括在上游来流和模拟关心区域的平均风廓线相似、湍流度廓线相似、湍流谱相似。

对湍流谱的模拟即要求模型与原型的湍流谱谱形相似。据湍流统计理论，对湍流脉动量进行处理可得两种涡尺度，即表征大尺度湍涡的湍流积分尺度 $l$ 和表征小尺度涡的湍流微尺度 $\eta$（或称为湍流耗散尺度、Kolmogorov 微尺度）。理想的模拟是模型和原型流动中的这两个尺度的缩比应当与几何缩比相同，且谱区间谱形完全得到模拟，但在雷诺数未精确模拟的情况下，这一点得不到满足。由于放宽了雷诺数严格相等的要求，黏性耗散的模拟有所失真，相应的湍流微尺度的模拟也不满足几何相似。不过，足够高的雷诺数下可以做到对较大尺度的湍流含能涡区和惯性区的谱形与现场相似，而该区间的湍涡在污染扩散中起重要作用，可以保证对湍流扩散的模拟。

## 2.2　实验装置

### 2.2.1　风洞及模型构建

昆明理工大学环境科学与工程学院的环境风洞于 1981 年初建成，在国内同类风洞中建立时间较早，在高原山区大气扩散规律的研究方面有其独特的优势，并经过中国科学院大气物理研究所的有关专家验收，于 2005 年上半年又对其进行了技术改造。目前可利用烟流实验进行烟气抬升高度、扩散参数、流场的观测和测定，烟羽照相法测定扩散参数，风速仪测定不同粗糙度下的风廓线指数，示踪气体测定扩散参数，模型表面涂布指示药剂判断污染的程度及范围，丝线法显示流场等。

本风洞采用钢木结构，风洞由风机、扩散段、整流器、速度分布器、实验段（包括粗糙元段、模型段）等组成。总长 17.6m，其中实验段 13.3m，断面尺寸 1.8m × 1.4m。风洞结构图见图 2-1。风机型号为轴流风机 T30 型，叶轮直径 1m，风量 490.5m³/h，用电磁调速电动机驱动，型号 JZJ-52-4，功率 10kW。转速在 0 ~ 1150r/min 间连续可调。扩散段入口装有两层 0.270mm（50 目）的尼龙网，出口装有 0.125mm（120 目）的铜丝网，整流器用蜂窝形，蜂窝单体尺寸 $\phi 25mm × 380mm$。速度分布器采用百叶窗形，共 14 个窗口，通过调节百叶窗的开启度来调节气流速度分布。百叶窗后又装有两层 50 目的尼龙网，起到进一步整流与分流作用。可根据模拟要求布置不同形式的粗糙元，有可调的鱼鳞板，活动角度 0 ~ 30°，有 30°、45°、60°的三角体和1/4椭圆以及长方形木块、木条等。实验段内装有移测

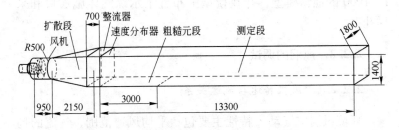

图 2-1 风洞结构

架,可以带动测速取样探头作空间三维运动。实验模型从风洞尾端入口放入或取出。风洞侧面装有 12 块 1800mm × 1600mm, 厚 5mm 的玻璃观测窗, 顶部装有 5 块 1800mm × 540mm 的观测窗, 作为观测和照相用。风洞中设有移测架, 可带动探头作横、纵、竖三向运动, 探头上装有风速计测杆。还有一些辅助设备和测量、分析仪器等。

风洞实验流场显示可采用盐酸与氨反应产生白色烟雾方法、管式电炉加热方法和将液体石蜡油涂布于发烟电阻丝并通电加热发烟的方法等。盐酸与氨反应产生白色烟雾方法存在原料泄漏的风险和反应不完全产生废气污染的问题, 特别是盐酸或氨气泄漏, 就会对环境空气产生较大污染。管式电炉加热方式的缺陷主要是预热时间较长, 一般在一小时以上, 另外, 管路系统易堵塞, 烟雾释放流量也不易控制。将液体石蜡油涂布于发烟电阻丝并通电加热发烟的缺点: 一是不便于控制烟气流量, 二是不能模拟空气污染物的排放。

本次研究自制了由外购 1500W 烟机和自行设计的 1.3m × 0.8m × 0.5m 缓冲箱等组成的发烟系统, 发烟剂采用重烟油。该发烟装置具有预热时间短 (预热时间 10 ~ 15min)、不易堵塞等优点。

本风洞不能模拟温度层结, 故为中性环境风洞。

我们收集了个旧市区 1:10000 的地形图和市区 2005 年 1:500 的建筑物布局图, 委托昆明九易模型公司制作了个旧市区

1：1000 的地物模型，并在模型上布置了示踪气体施放口和采样孔。

### 2.2.2　风洞的调试

### 2.2.2.1　风机转速与风速关系

环境风洞空气动力特性主要包括平均风速范围、气流的均匀性、气流的稳定性、气流方向速度梯度、湍流度等。

本风洞建成后即进行了调试，本次技改后又进行了调试，调试在未放置模型及粗糙元、速度分布器全开的情况下进行，本次风洞空气动力特性调试测点布置见图 2-2。

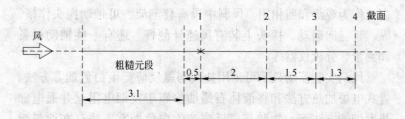

图 2-2　风洞调试布置图

单位：m

×—风机转数与风速关系测点；

1、2、3、4—平均风速值测定的四个截面。

### 2.2.2.2　风机转速与风洞内实验段某定点的风速变化关系

测定风机转速与风洞内实验段某定点的风速变化关系。该固定点选在实验段 1 断面的风洞轴线上，即图 2-2 的 1 点，采用改变风机转速，观测该点的风速变化。测量风速时，每隔 5s 读一数值，1min 共有 12 个数值，便可求出 1min 的风速平均值，以下各点测量方法相同。所得结果如图 2-3 所示。

图 2-3 主要为了考察风机的稳定性和不同转速下风速和风机转速是否成线性关系。从图中可以看出，风速与转速成线性关

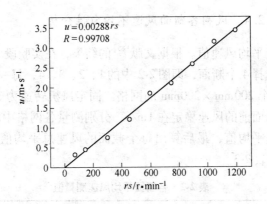

图 2-3　风速与风机转速关系

系，相关系数为 0.997。只要将风机转速从 0r/min 逐渐调节到 1150r/min，就能实现风速从 0 到 3.5m/s 的无级调速。

### 2.2.2.3　风洞实验段轴线风速梯度

测定风机转速恒定（即恒定风速）下风洞实验段轴线风速梯度。将实验段中部 4.8m 范围内划分为 4 个测点，测点均在轴线上，手控移测架上的风速计探头，依次测量各点的风速，往返测量两次，求其平均值。

风洞轴线风速测定结果列于表 2-1 中。

表 2-1　各断面轴线平均风速

| 断 面 | 最小速度 /m·s⁻¹ | 最大速度 /m·s⁻¹ | 平均速度 /m·s⁻¹ | 各断面轴线 平均风速差/% |
|---|---|---|---|---|
| 1 | 0.85 | 0.87 | 0.86 | — |
| 2 | 0.86 | 0.88 | 0.87 | 1.2 |
| 3 | 0.88 | 0.89 | 0.885 | 1.7 |
| 4 | 0.88 | 0.89 | 0.885 | 0.0 |

结果表明，风洞轴线风速不均匀性降到 1.7% 以下。

#### 2.2.2.4　风洞各断面风速不均匀性分析

测定平均风速值。根据文献[85]的结果，在实验段中部 4.8m
范围内选择 4 个断面，即图 2-2 中的 1、2、3、4，每一断面都划
分成 32 个 200mm × 200mm 的网格。固定风机转速为 350r/min，
可使 1 断面前的风速稳定在 1m/s，分别测量各网格中心点 1min
内的风速平均值，最后算出每个截面的风速总平均值。结果见
表 2-2 和表 2-3。

表 2-2　各断面平均风速测量值

| 断　面 | 最小风速<br>/m·s⁻¹ | 最大风速<br>/m·s⁻¹ | 平均风速<br>/m·s⁻¹ | 各断面间平均<br>风速偏差/% |
|:---:|:---:|:---:|:---:|:---:|
| 1 | 0.86 | 0.98 | 0.915 | |
| 2 | 0.87 | 0.93 | 0.885 | |
| 3 | 0.82 | 0.96 | 0.884 | ±1.9 |
| 4 | 0.86 | 0.97 | 0.908 | |

表 2-3　风速不均匀性断面范围比较

| 条　件 | 日本公害研究<br>所风洞 3.0m ×<br>2.0m × 24m | 中冶集团建筑<br>研究总院 2.5m ×<br>1.4m × 14.5m | 本风洞<br>1.8m × 1.4m × 10.3m | |
|:---|:---:|:---:|:---:|:---:|
| | | | 1982 年 | 2005 年 |
| 是否安装速度分布器 | 是 | 是 | 是 | 是 |
| 断面平均风速/m·s⁻¹ | 5 | 2 | 1.02 | 0.90 |
| 离测定段入口距离/m | 0 | 4 | 5.6 | 3.6 |
| 风速分布不均匀性/% | 3 | 1 | 2.6 | 1.8 |

以上两表结果说明，各断面的平均风速相差 1%。

#### 2.2.2.5　气流均匀性的调试结果

判断实验段气流均匀性的方法通常有两种，一种是以速度
分布不均匀性 ≤ ±1% 的断面百分数来衡量（见表 2-4）。另一种

是在测定段入口一定的距离风洞中心高度上，测定中心横向 $Y =$ 1m 的风速分布不均匀性不超过某个百分数来判断。本风洞断面尺寸不算太大，而顶部又被移测架占去 110mm 高度，所以用风洞中心高度上，测定中心横向 $Y = 0.8$m 的风速分布不均匀性不超过某个百分数来判断，并将调试结果与日本国立公害研究所现代化风洞、中冶集团建筑研究总院环境风洞作比较。

**表2-4 风洞中心 $Y$ 方向风速不均匀性比较**

| 条　件 | 日本公害研究所风洞 3.0m×2.0m×24m | 中冶集团建筑研究总院 2.5m×1.4m×14.5m | 本风洞 1.8m×1.4m×10.3m | |
|---|---|---|---|---|
| | | | 1982 年 | 2005 年 |
| 是否安装速度分布器 | 是 | 是 | 是 | 是 |
| 断面平均风速/m·s$^{-1}$ | 2.2 | 2.2 | 1.02 | 0.90 |
| 离测定段入口距离/m | 10.0 | 4.0 | 5.6 | 3.6 |
| $Y$ 方向距离/m | 1.0 | 0.88 | 0.8 | 0.8 |
| 风速分布不均匀性/% | 3 | 5 | 2.53 | 1.87 |

在测试仪器方面，日本公害研究所是采用带传感器的皮托管测定仪，中冶集团建筑研究总院是采用日本 24-6111 型热线风速仪，本书采用国产 QDF-3 型热球风速仪。

本风洞风速分布不均匀性为 1.87%，略好于日本公害研究所和中冶集团建筑研究总院风洞。

本风洞因无湍流测量仪器，故未测定湍流度。

### 2.2.2.6 速度分布器及粗糙元性能的调试

为使本风洞达到模拟大气扩散的要求，使风洞模拟配合个旧城市大气扩散研究，速度分布器及粗糙元的调试是结合模拟评价区流场进行的，即在有地形模型下进行的。

现场观测资料采用小球测风结果，风洞边界层厚度大约为 0.5m，风速随高度变化基本符合指数变化的规律，其指数 $P$ 在 0.12 ~ 0.63 之间，大部分在 0.23 ~ 0.60 之间。

在风洞模型的垂直方向上，风速随高度的增加而增大，且具有指数分布的规律，这与现场实测是一致的。当边界层形成段的粗糙度不同时，在模型上的同一位置可形成不同的风速廓线。说明采用调整风洞的粗糙度可产生不同的风速廓线，便能适应大气扩散模拟实验的不同要求。粗糙度增大，$P$ 值也增大。

风洞内风速为 0.11m/s（相当于现场风速 1.1m/s）~0.22m/s（相当于现场风速 2.2m/s），测定的风廓线指数为 0.56~0.59，与现场观测结果 0.59 接近。

在 0.5m 以上高度，风速基本不变，说明在个旧上空形成的边界层厚度大约是 500m，这与现场观测结果也基本是一致的。

根据以上比较，说明本风洞的空气动力特性能够满足大气污染扩散模拟实验对环境风洞性能的要求。

# 3  现场观测

## 3.1  观测地概况

### 3.1.1  自然环境

个旧市位于云南省南部，东经 $102°54' \sim 103°25'$，北纬 $23°0' \sim 23°36'$ 之间，是滇东南地区的冶金工矿城市。全市东西宽 40.5km，南北长 56.5km，总面积 $1587km^2$，现有市区面积 $12km^2$。个旧市城区具体布局见图 3-1。

个旧市地形起伏较大，地势呈中部高、南北低。分为三种地貌类型：中山地貌主要分布于中部、西部、西南部及东部的锡城、贾沙、保和、老厂、卡房等乡镇片区，海拔 $1000 \sim 1400m$，占总面积的 13.86%；低山河谷地貌主要分布于南部红河沿岸的蔓耗镇，海拔 $10.05 \sim 1000m$，占总面积的 13%。

个旧市市区属于中山地貌，全市地貌类型以丘陵、低山为主，大致呈狭长状分布。一面为相对高差约 400m 的陡山，一面为相对高差约 200m 的缓坡山脉，最低海拔 1686m。南北以山地为主，东、西分别为老阴山、老阳山，间以山间盆地。个旧湖（金湖）位于个旧市市区内，径流面积 $26.9km^2$，属于珠江水系[71]。

### 3.1.2  气候气象及污染气象特征

#### 3.1.2.1  气候气象

个旧市地处云南低纬度高原哀牢山脉东侧，属亚热带山地季风气候，境内地势起伏大，气候垂直变化十分明显。根据个旧市气象站（观测点离地面高度约 30m）的观测结果，全市多年（1971 ~ 2000 年）平均气压 $8.284 \times 10^4 Pa$，多年平均气温 16.2℃，12 月最冷，平均气温为 10.3℃，7 月最热，平均气温

图 3-1　个旧市城市平面图

为 20.3℃，全年气温平均日差为 10.0℃，年降雨量 1115mm，年日照时数 1969.7h，年平均相对湿度 77%。全年多南风和西南风，主导风向为南风，风频 33%，一般风速 3～6m/s，最大风速 14m/s，年平均风速 3.6m/s。多年气象要素见表 3-1。多年各月的平均气温、平均降雨量及平均风速见图 3-2 至图 3-4。

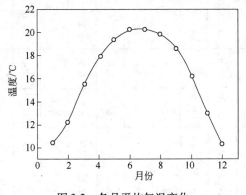

图 3-2　各月平均气温变化

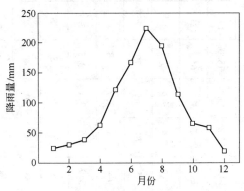

图 3-3　各月平均降雨量变化

从图 3-2 可看出，平均气温最高出现在 6～7 月，最低出现在 12 月。图 3-3 表明，全年降雨量主要集中在 5～9 月，月最大降水量出现在 7 月。从图 3-4 可看出，冬春季节平均风速较大，夏季平均风速较低。

表3-1 个旧市30（1971~2000年）气象要素一览表

| 项　目 | 1 | 2 | 3 | 4 | 5 | 6 | 7 | 8 | 9 | 10 | 11 | 12 | 年平均 |
|---|---|---|---|---|---|---|---|---|---|---|---|---|---|
| 平均气压/×10²Pa | 829.8 | 828.6 | 828.1 | 827.5 | 826.6 | 825.0 | 824.7 | 825.7 | 828.9 | 831.4 | 832.3 | 831.8 | 828.4 |
| 平均气温/℃ | 10.5 | 12.2 | 15.6 | 18.0 | 19.4 | 20.3 | 20.3 | 20.0 | 18.6 | 16.2 | 13.0 | 10.3 | 16.2 |
| 平均降水量/mm | 23.8 | 29.5 | 37.4 | 61.8 | 121.9 | 167.2 | 224.6 | 194.6 | 113.0 | 64.4 | 57.5 | 19.4 | 1115.2 |
| 平均风速/m·s⁻¹ | 4.5 | 4.8 | 4.6 | 4.3 | 3.9 | 3.5 | 3.1 | 2.5 | 2.5 | 2.8 | 3.1 | 3.6 | 3.6 |
| 平均相对湿度/% | 75 | 70 | 65 | 70 | 76 | 81 | 83 | 83 | 83 | 82 | 81 | 77 | 77 |
| 平均总云量/成 | 4.4 | 4.1 | 3.7 | 4.8 | 7 | 8.8 | 9 | 8.3 | 7.6 | 6.8 | 6 | 4.7 | 6.3 |
| 平均低云量/成 | 3.9 | 3.6 | 3.1 | 3.6 | 5.4 | 7.2 | 7.4 | 6.8 | 6.5 | 6.2 | 5.4 | 4.3 | 5.3 |
| 最多风向 | S | S | S | S | S | S | S | S, C | S | S | S | S | S |
| 频率/% | 38 | 40 | 40 | 40 | 40 | 35 | 33 | 21, 23 | 24 | 26 | 28 | 32 | 33 |
| 大风日数/天 | 0.6 | 0.5 | 0.5 | 0.5 | 0.3 | 0.2 | 0 | 0 | 0 | 0 | 0.1 | 0.1 | 2.5 |
| 雾日数/天 | 2.4 | 1.4 | 0.7 | 0.2 | 0.2 | 0.2 | 0 | 0.1 | 0.2 | 0.8 | 1.1 | 1.8 | 9.3 |

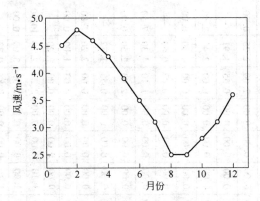

图 3-4 各月平均风速变化

### 3.1.2.2 污染气象特征

#### A 风向风速

根据 2006 年该市气象站风向观测结果进行统计分析,得到风向玫瑰图(见图 3-5)。

由图 3-5 可知,该市主导风向为南风,风频 46.2%,这个结果与多年主导风向是一致的;偏东风和偏西风的频率很小,说明山谷风不明显。尽管该市东面为高约 400m 的山脉,西面为高约 200m 的缓山坡,但由于两山形成的系统风——渠道风效应较明显,故山谷风被系统风掩盖。

2006 年各月及全年个旧市区各风向的风向频率、平均风速和污染系数见表 3-2。从表 3-2 可看出,偏南风时的平均风速较大,其次为偏北风,偏东风和偏西风时最小;偏南风时污染系数较大,其次为偏北风,偏东风和偏西风时最小。

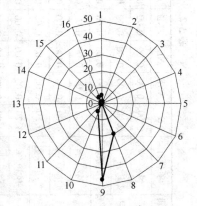

图 3-5 2006 年风向玫瑰图

表 3-2　个旧市 2006 年风频、风速及污染系数一览表

| 时间 | 项目 | N | NNE | NE | ENE | E | ESE | SE | SSE | S | SSW | SW | WSW | W | WNW | NW | NNW | C |
|---|---|---|---|---|---|---|---|---|---|---|---|---|---|---|---|---|---|---|
| 1 月 | 风频/% | 0.00 | 0.00 | 0.00 | 0.00 | 0.00 | 0.00 | 0.00 | 24.70 | 54.80 | 6.50 | 1.10 | 0.00 | 0.00 | 0.00 | 1.10 | 4.30 | 7.50 |
|  | 风速/m·s⁻¹ | 0.00 | 0.00 | 0.00 | 0.00 | 0.00 | 0.00 | 0.00 | 4.70 | 5.84 | 5.33 | 6.00 | 0.00 | 0.00 | 0.00 | 2.00 | 2.25 | 0.00 |
|  | 污染系数 | 0.00 | 0.00 | 0.00 | 0.00 | 0.00 | 0.00 | 0.00 | 5.26 | 9.38 | 1.22 | 0.18 | 0.00 | 0.00 | 0.00 | 0.55 | 1.91 | — |
| 2 月 | 风频/% | 1.20 | 0.00 | 0.00 | 0.00 | 0.00 | 0.00 | 0.00 | 17.90 | 69.00 | 6.00 | 1.20 | 0.00 | 0.00 | 0.00 | 0.00 | 2.40 | 2.40 |
|  | 风速/m·s⁻¹ | 4.00 | 0.00 | 0.00 | 0.00 | 0.00 | 0.00 | 0.00 | 5.93 | 6.40 | 2.40 | 2.00 | 0.00 | 0.00 | 0.00 | 0.00 | 4.00 | 0.00 |
|  | 污染系数 | 0.30 | 0.00 | 0.00 | 0.00 | 0.00 | 0.00 | 0.00 | 3.02 | 10.78 | 2.50 | 0.60 | 0.00 | 0.00 | 0.00 | 0.00 | 0.60 | — |
| 3 月 | 风频/% | 3.20 | 0.00 | 0.00 | 0.00 | 0.00 | 0.00 | 0.00 | 18.30 | 51.60 | 11.80 | 2.20 | 0.00 | 0.00 | 0.00 | 1.10 | 4.30 | 7.50 |
|  | 风速/m·s⁻¹ | 2.00 | 0.00 | 0.00 | 0.00 | 0.00 | 0.00 | 0.00 | 5.53 | 6.19 | 4.45 | 3.00 | 0.00 | 0.00 | 0.00 | 2.00 | 2.50 | 0.00 |
|  | 污染系数 | 1.60 | 0.00 | 0.00 | 0.00 | 0.00 | 0.00 | 0.00 | 3.31 | 8.34 | 2.65 | 0.73 | 0.00 | 0.00 | 0.00 | 0.55 | 1.72 | — |
| 4 月 | 风频/% | 3.30 | 0.00 | 1.10 | 0.00 | 0.00 | 0.00 | 0.00 | 28.90 | 45.60 | 11.10 | 0.00 | 1.10 | 0.00 | 0.00 | 0.00 | 2.20 | 7.80 |
|  | 风速/m·s⁻¹ | 2.33 | 0.00 | 3.00 | 0.00 | 0.00 | 0.00 | 0.00 | 5.46 | 5.27 | 5.40 | 0.00 | 1.00 | 0.00 | 0.00 | 0.00 | 1.00 | 0.00 |
|  | 污染系数 | 1.42 | 0.00 | 0.37 | 0.00 | 0.00 | 0.00 | 0.00 | 5.29 | 8.65 | 2.06 | 0.00 | 1.10 | 0.00 | 0.00 | 0.00 | 2.20 | — |
| 5 月 | 风频/% | 3.00 | 2.00 | 0.00 | 0.00 | 0.00 | 0.00 | 0.00 | 14.00 | 59.10 | 5.40 | 0.00 | 1.10 | 0.00 | 0.00 | 2.20 | 2.20 | 10.80 |
|  | 风速/m·s⁻¹ | 1.07 | 0.55 | 0.00 | 0.00 | 0.00 | 0.00 | 0.00 | 4.85 | 5.20 | 4.67 | 0.00 | 1.10 | 0.00 | 0.00 | 2.50 | 3.00 | 0.00 |
|  | 污染系数 | 0.00 | 0.88 | 0.00 | 0.00 | 0.00 | 0.00 | 0.00 | 2.89 | 11.37 | 0.69 | 0.00 | 1.10 | 0.00 | 0.00 | 0.88 | 0.73 | — |
| 6 月 | 风频/% | 0.00 | 0.00 | 0.00 | 0.00 | 0.00 | 0.00 | 1.10 | 18.90 | 66.70 | 4.40 | 3.00 | 3.00 | 0.00 | 0.00 | 1.10 | 1.10 | 4.40 |
|  | 风速/m·s⁻¹ | 0.00 | 0.00 | 0.00 | 0.00 | 0.00 | 0.00 | 3.00 | 6.18 | 4.98 | 4.50 | 3.00 | 3.00 | 0.00 | 0.00 | 3.00 | 3.00 | 0.00 |
|  | 污染系数 | 0.00 | 0.00 | 0.00 | 0.00 | 0.00 | 0.00 | 0.37 | 3.06 | 13.39 | 0.98 | 0.37 | 0.37 | 0.00 | 0.00 | 0.37 | 0.37 | — |

续表 3-2

| 时间 | 项目 | N | NNE | NE | ENE | E | ESE | SE | SSE | S | SSW | SW | WSW | W | WNW | NW | NNW | C |
|---|---|---|---|---|---|---|---|---|---|---|---|---|---|---|---|---|---|---|
| 7月 | 风频/% | 4.30 | 1.10 | 1.10 | 1.10 | 0.00 | 0.00 | 0.00 | 24.70 | 32.30 | 3.20 | 2.20 | 1.10 | 0.00 | 0.00 | 3.20 | 4.30 | 21.50 |
|  | 风速/m·s⁻¹ | 2.25 | 2.00 | 1.00 | 2.00 | 0.00 | 0.00 | 0.00 | 3.74 | 4.17 | 4.00 | 2.00 | 2.00 | 0.00 | 0.00 | 2.33 | 2.50 | 0.00 |
|  | 污染系数 | 1.91 | 0.55 | 1.10 | 0.55 | 0.00 | 0.00 | 0.00 | 6.60 | 7.75 | 0.80 | 1.10 | 0.55 | 0.00 | 0.00 | 1.37 | 1.72 | — |
| 8月 | 风频/% | 19.40 | 3.20 | 0.00 | 0.00 | 0.00 | 0.00 | 1.10 | 14.00 | 9.70 | 2.20 | 0.00 | 0.00 | 0.00 | 0.00 | 6.50 | 8.60 | 35.50 |
|  | 风速/m·s⁻¹ | 2.50 | 3.00 | 0.00 | 0.00 | 0.00 | 0.00 | 2.00 | 3.38 | 3.33 | 2.50 | 0.00 | 0.00 | 0.00 | 0.00 | 2.67 | 2.38 | 0.00 |
|  | 污染系数 | 7.76 | 1.07 | 0.00 | 0.00 | 0.00 | 0.00 | 0.55 | 4.14 | 2.91 | 0.88 | 0.00 | 0.00 | 0.00 | 0.00 | 2.43 | 3.61 | — |
| 9月 | 风频/% | 8.90 | 1.10 | 2.20 | 1.10 | 0.00 | 0.00 | 0.00 | 26.70 | 20.00 | 5.60 | 0.00 | 0.00 | 0.00 | 1.10 | 0.00 | 6.70 | 26.70 |
|  | 风速/m·s⁻¹ | 2.50 | 2.00 | 2.00 | 4.00 | 0.00 | 0.00 | 0.00 | 3.96 | 3.67 | 3.00 | 0.00 | 0.00 | 0.00 | 2.00 | 0.00 | 3.00 | 0.00 |
|  | 污染系数 | 3.56 | 0.55 | 1.10 | 0.28 | 0.00 | 0.00 | 0.00 | 6.74 | 5.45 | 1.87 | 0.00 | 0.00 | 0.00 | 0.55 | 0.00 | 2.23 | — |
| 10月 | 风频/% | 9.70 | 1.10 | 0.00 | 0.00 | 0.00 | 0.00 | 0.00 | 15.10 | 40.90 | 7.50 | 1.10 | 0.00 | 0.00 | 0.00 | 0.00 | 8.60 | 16.10 |
|  | 风速/m·s⁻¹ | 3.56 | 2.00 | 0.00 | 0.00 | 0.00 | 0.00 | 0.00 | 4.29 | 4.08 | 3.71 | 4.00 | 0.00 | 0.00 | 0.00 | 0.00 | 2.00 | 0.00 |
|  | 污染系数 | 2.72 | 0.55 | 0.00 | 0.00 | 0.00 | 0.00 | 0.00 | 3.52 | 10.02 | 2.02 | 0.28 | 0.00 | 0.00 | 0.00 | 0.00 | 4.30 | — |
| 11月 | 风频/% | 2.20 | 1.10 | 0.00 | 0.00 | 0.00 | 0.00 | 0.00 | 20.00 | 46.70 | 4.40 | 2.20 | 1.10 | 0.00 | 0.00 | 0.00 | 3.30 | 18.90 |
|  | 风速/m·s⁻¹ | 3.00 | 1.00 | 0.00 | 0.00 | 0.00 | 0.00 | 0.00 | 4.34 | 4.55 | 4.75 | 3.50 | 1.00 | 0.00 | 0.00 | 0.00 | 3.00 | 0.00 |
|  | 污染系数 | 0.73 | 1.10 | 0.00 | 0.00 | 0.00 | 0.00 | 0.00 | 4.61 | 10.26 | 0.93 | 0.63 | 1.10 | 0.00 | 0.00 | 0.00 | 1.10 | — |
| 12月 | 风频/% | 5.40 | 3.20 | 1.10 | 0.00 | 0.00 | 0.00 | 0.00 | 14.00 | 58.10 | 2.20 | 1.10 | 0.00 | 0.00 | 0.00 | 0.00 | 6.50 | 8.60 |
|  | 风速/m·s⁻¹ | 2.80 | 2.67 | 4.00 | 0.00 | 0.00 | 0.00 | 0.00 | 4.62 | 5.15 | 3.00 | 4.00 | 0.00 | 0.00 | 0.00 | 0.00 | 2.67 | 0.00 |
|  | 污染系数 | 1.93 | 1.20 | 0.28 | 0.00 | 0.00 | 0.00 | 0.00 | 3.03 | 11.28 | 0.73 | 0.28 | 0.00 | 0.00 | 0.00 | 0.00 | 2.43 | — |
| 年 | 风频/% | 5.07 | 0.99 | 0.64 | 0.18 | 0.00 | 0.00 | 0.18 | 19.77 | 46.21 | 5.68 | 1.11 | 0.37 | 0.00 | 0.09 | 1.27 | 4.54 | 13.98 |
|  | 风速/m·s⁻¹ | 2.33 | 1.22 | 1.04 | 0.50 | 0.00 | 0.00 | 0.42 | 4.77 | 4.90 | 3.98 | 2.46 | 0.58 | 0.00 | 0.17 | 1.21 | 2.61 | 0.00 |
|  | 污染系数 | 2.18 | 0.81 | 0.62 | 0.36 | 0.00 | 0.00 | 0.43 | 4.14 | 9.43 | 1.43 | 0.45 | 0.64 | 0.00 | 0.53 | 1.05 | 1.74 | — |

2006 年各月风速见表 3-3。

**表 3-3　2006 年各月的风速**

| 月份 | 1 | 2 | 3 | 4 | 5 | 6 | 7 | 8 | 9 | 10 | 11 | 12 |
|---|---|---|---|---|---|---|---|---|---|---|---|---|
| 风速 /m·s$^{-1}$ | 4.89 | 5.79 | 4.99 | 4.71 | 4.23 | 4.86 | 2.80 | 1.83 | 2.51 | 3.17 | 3.52 | 4.19 |

对照表 3-1 与图 3-4，2006 年与多年各月平均风速变化规律是一致的。

B　稳定度频率和混合层高度

根据 2006 年气象资料，统计得出稳定度（见表 3-4）。

**表 3-4　2006 年稳定度频率**

| 稳定度 | 强不稳定 | 不稳定 | 弱不稳定 | 中　性 | 较稳定 | 稳　定 |
|---|---|---|---|---|---|---|
| 1 月频率/% | 2.15 | 3.23 | 4.30 | 72.04 | 11.83 | 6.45 |
| 2 月频率/% | 2.38 | 0.00 | 0.00 | 94.05 | 1.19 | 2.38 |
| 3 月频率/% | 1.08 | 2.15 | 7.53 | 76.34 | 11.83 | 1.08 |
| 4 月频率/% | 0.00 | 2.22 | 16.67 | 70.00 | 10.00 | 1.11 |
| 5 月频率/% | 3.23 | 4.30 | 8.60 | 79.57 | 2.15 | 2.15 |
| 6 月频率/% | 0.00 | 1.11 | 3.33 | 94.44 | 1.11 | 0.00 |
| 7 月频率/% | 1.08 | 5.38 | 4.30 | 86.02 | 2.15 | 1.08 |
| 8 月频率/% | 0.00 | 5.38 | 1.08 | 90.32 | 2.15 | 1.08 |
| 9 月频率/% | 1.11 | 3.33 | 0.00 | 73.33 | 13.33 | 8.89 |
| 10 月频率/% | 0.00 | 1.08 | 0.00 | 80.65 | 15.05 | 3.23 |
| 11 月频率/% | 1.11 | 3.33 | 4.44 | 74.44 | 13.33 | 3.33 |
| 12 月频率/% | 1.08 | 2.15 | 1.08 | 87.10 | 5.38 | 3.23 |
| 年频率/% | 1.10 | 2.81 | 4.28 | 81.53 | 7.46 | 2.83 |

根据个旧气象站 2006 年每日 8 时、14 时、20 时的常规气象资料，利用《云南省大气环境影响评价技术规范（试行）》中推荐的方法对混合层高度进行计算，计算公式如下：

$$D = \frac{121}{6}(6 - P)(T - T_d) + \frac{0.169P(U_z + 0.257)}{12f\ln(Z/Z_0)} \quad (3\text{-}1)$$

式中　$D$——混合层高度，m；

$P$——大气稳定度等级，强不稳定—稳定时 $P$ 依次以 1～6 代替；

$T$、$T_d$——分别为气温和露点温度，℃；

$U_z$——$Z$（$Z = 10m$）高度处的平均风速，m/s；

$f$——地转偏向参数，$f = 2\Omega\sin\phi = 6.06 \times 10^{-5}s^{-1}$；

$Z_0$——地表粗糙度，m，根据地表情况，$Z_0$ 取值为 0.3m。

根据 2006 年气象资料，统计得出混合层高度（见表3-5）。

表3-5  2006 年混合层高度

| 稳定度 | 强不稳定 | 不稳定 | 弱不稳定 | 中性 | 较稳定 | 稳　定 |
|---|---|---|---|---|---|---|
| 1 月混合层高度/m | 1265 | 3326 | 2685 | 2534 | 304 | 96 |
| 2 月混合层高度/m | 1265 | 0 | 0 | 2607 | 437 | 130 |
| 3 月混合层高度/m | 1265 | 3326 | 3069 | 2427 | 210 | 92 |
| 4 月混合层高度/m | 0 | 2911 | 2864 | 2209 | 339 | 0 |
| 5 月混合层高度/m | 1686 | 832 | 2551 | 2179 | 437 | 65 |
| 6 月混合层高度/m | 0 | 2495 | 2506 | 2293 | 437 | 0 |
| 7 月混合层高度/m | 0 | 0 | 1611 | 1488 | 408 | 0 |
| 8 月混合层高度/m | 0 | 998 | 1074 | 921 | 437 | 0 |
| 9 月混合层高度/m | 2529 | 3049 | 0 | 1423 | 185 | 60 |
| 10 月混合层高度/m | 0 | 3326 | 0 | 1702 | 246 | 87 |
| 11 月混合层高度/m | 0 | 2495 | 2685 | 1912 | 193 | 74 |
| 12 月混合层高度/m | 1265 | 2079 | 2685 | 2078 | 294 | 105 |
| 年混合层高度/m | 1264 | 1860 | 2642 | 1977 | 263 | 75 |

计算结果表明，稳定度以中性类为主，频率达 81.5%，年混合层高度为 1813m。

### 3.1.3　重气源分析

个旧是一个发展中的老工业城市，改革开放后，各项事业都在发展，特别是私营企业发展较快，城市地貌发生了较大变化。由于经济社会及各项事业的发展，也给环境带来很大的压力。2006 年个旧市能源消费结构见表3-6[86]。

**表 3-6　个旧市能源消费结构表**

| 项 目 | 能源总消耗量(折合标准煤)/万吨·年⁻¹ | 煤 | | 汽油(折合标准煤)/万吨·年⁻¹ | 柴油(折合标准煤)/万吨·年⁻¹ | 电(折合标准煤)/万吨·年⁻¹ |
| | | 工业(折合标准煤)/万吨·年⁻¹ | 民用(折合标准煤)/万吨·年⁻¹ | | | |
|---|---|---|---|---|---|---|
| 消耗量 | 79.79 | 24.73 | 4.44 | 2.82 | 1.11 | 46.69 |
| 占总消耗的百分比/% | 100 | 31.00 | 5.56 | 3.53 | 1.39 | 58.52 |

表 3-6 说明，个旧市能源以电为主，其次为煤炭，汽油、柴油和液化石油气等用量较少。

个旧市区目前的重气源主要有液化石油气站和加油站，本研究对象为液化石油气站泄漏施放情况，该液化石油气储罐位于市区南部的一个山坡地带。

## 3.2　现场风廓线的观测

### 3.2.1　观测仪器和材料

观测仪器与材料有：
（1）测风经纬仪 70-Ⅰ（配套三脚架）；
（2）10 号气球；
（3）普通天平（用于称量测风气球所挂的重物，控制气球的升空速度）；
（4）氢气（纯度不作要求，只用于气球的升空）；
（5）秒表、对讲机。

### 3.2.2　观测方法

本观测采用双经纬仪小球测风法,两测点之间的连线尽可能垂直盛行风向,观测所施放的测风气球,每 10s 同时读取两台经纬仪的仰角和方位角,然后通过矢量法来确定气球的空间位置($x,y,z$ 坐标),从而进一步弄清现场的风速垂直变化规律及其特性。

如图 3-6 所示，本次观测的位置位于个旧市区南部，观测

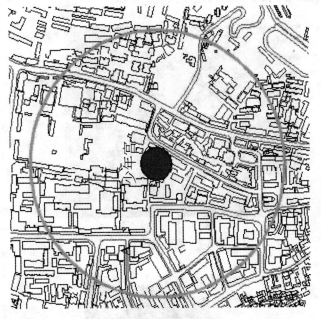

A、B为观测点：少年宫为气球释放点

图 3-6 个旧市测风气球观测位置

点 A 位于市委大楼，观测点 B 位于个旧市教育局大楼，气球释放点位于青少年宫楼顶，距地面高度 21m。图 3-7 和图 3-8 分别为升空的测风球和使用测风经纬仪观测。

图 3-7　测风气球

图 3-8　使用经纬仪观测

在图 3-9 中，$A$、$B$ 为两台经纬仪的位置，其高度差为 $h$。$AB$ 表示基线，$b$ 是它的水平距离。$DC$ 是 $AD$ 和 $BC$ 的空间距离，称作"短线"，可作为检验原始数据的误差标准。$AD$、$BC$ 表示在同一时刻由 $A$、$B$ 两点指向气球的方向矢量。气球在空间的最大可能的位置应该在短线 $DC$ 上的某一点 $M$ 处（理论上 $AD$ 和 $BC$ 两条射线应该相交，但由于实践中的读数不同步、读数误差等种种原因，经常出现两条射线不相交的情况）。

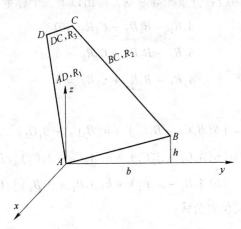

图 3-9 矢量法示意图

如果 $A$ 点经纬仪对准 $B$ 点时的方位角为 $180°$，$B$ 点经纬仪对准 $A$ 点时的方位角则为 $0°$。若 $A$、$B$ 经纬仪第 $i$ 次读数仰角分别为 $\delta_i$ 和 $\gamma_i$；方位角分别为 $\alpha_i$ 和 $\beta_i$。简化矢量法公式得出：

$$A_1 = -\cos\delta\sin\alpha \tag{3-2}$$

$$A_2 = -\cos\delta\cos\alpha \tag{3-3}$$

$$A_3 = \sin\delta \tag{3-4}$$

$$B_1 = -\cos\gamma\sin\beta \tag{3-5}$$

$$B_2 = -\cos\gamma\cos\beta \tag{3-6}$$

$$B_3 = \sin\gamma \tag{3-7}$$

$$\phi = A_3B_2 - A_2B_3 \tag{3-8}$$

$$\varphi = A_1B_3 - A_3B_1 \tag{3-9}$$

$$\lambda = A_2B_1 - A_1B_2 \tag{3-10}$$

$$\Delta = \sqrt{\phi^2 + \varphi^2 + \lambda^2} \tag{3-11}$$

$C_1 = \phi/\Delta$ ; $C_2 = \phi/\Delta$ ; $C_3 = \lambda/\Delta$ 。

由等号两边各分量相等原则，得出以下三个标量方程：

$$A_1R_1 - B_1R_2 + C_1R_3 = 0 \tag{3-12}$$

$$A_2R_1 - B_2R_2 + C_2R_3 = b \tag{3-13}$$

$$A_3R_1 - B_3R_2 + C_3R_3 = h \tag{3-14}$$

解为：

$$R_1 = [b(B_1C_3 - B_3C_1) + h(B_2C_1 - B_1C_2)]/D \tag{3-15}$$

$$R_2 = [b(A_1C_3 - A_3C_1) + h(A_2C_1 - A_1C_2)]/D \tag{3-16}$$

$$R_3 = [b(A_1B_3 - A_3B_1) + h(A_2B_1 - A_1B_2)]/D \tag{3-17}$$

气球空间位置公式：

$$\begin{cases} x = R_1A_1 + [R_3R_1/(R_1 + R_2)]C_1 & (3\text{-}18) \\ y = R_1A_2 + [R_3R_1/(R_1 + R_2)]C_2 & (3\text{-}19) \\ z = R_1A_3 + [R_3R_1/(R_1 + R_2)]C_3 & (3\text{-}20) \end{cases}$$

最后通过三维坐标的空间位置公式和观测的时间差确定测风气球的位移方向和大小，进一步确定风向和风速。

### 3.2.3 气象特征

从个旧市气象站（位于气球释放点北约 2km）所搜集的观测期间（2006 年 11 月 1 日~3 日）上午 8：00 到下午 20：00 共 13 个时间段上的地面风向、风速及频率情况见表 3-7、图 3-10 和图 3-11。

**表 3-7 个旧市气象观测记录**

| 时 间 | 2006 年 11 月 1 日 | | | | | | | | | | | | |
|---|---|---|---|---|---|---|---|---|---|---|---|---|---|
| | 8 | 9 | 10 | 11 | 12 | 13 | 14 | 15 | 16 | 17 | 18 | 19 | 20 |
| 风向风速 /m·s⁻¹ | N 2.0 | — | — | N 3.0 | N 4.0 | N 3.0 | NE 2.0 | N 3.0 | C 0.0 | N 3.0 | N 2.0 | C 0.0 | C 0.0 |

| 时 间 | 2006 年 11 月 2 日 | | | | | | | | | | | | |
|---|---|---|---|---|---|---|---|---|---|---|---|---|---|
| | 8 | 9 | 10 | 11 | 12 | 13 | 14 | 15 | 16 | 17 | 18 | 19 | 20 |
| 风向风速 /m·s⁻¹ | C 0.0 | C 0.0 | C 0.0 | NNE 1.0 | NNW 4.0 | N 1.0 | C 0.0 | NNE 1.0 | C 0.0 | SSW 3.0 | SSW 3.0 | S 2.0 | SSE 2.0 |

| 时 间 | 2006 年 11 月 3 日 | | | | | | | | | | | | |
|---|---|---|---|---|---|---|---|---|---|---|---|---|---|
| | 8 | 9 | 10 | 11 | 12 | 13 | 14 | 15 | 16 | 17 | 18 | 19 | 20 |
| 风向风速 /m·s⁻¹ | S 1.0 | C 0.0 | C 0.0 | C 0.0 | N 2.0 | NNE 2.0 | NNW 1.0 | SSE 2.0 | SSW 3.0 | SSW 4.0 | SSW 3.0 | S 4.0 | SSE 3.0 |

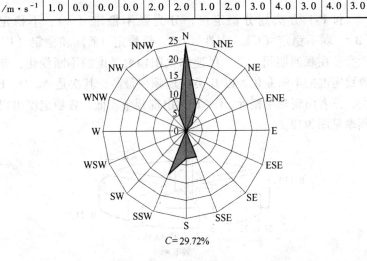

$C = 29.72\%$

图 3-10 个旧市观测期间地面风向玫瑰图（单位:%）

从图 3-10 可以得知，在观测期间的各地面风向中，N 风向为主导风向，出现频率约为 24.3%，其余主要风向 SSW、S、SSE、NNE 的频率分别为 13.5%、8.1%、8.1%、8.1%。主要地面风向的风速在 1~4m/s。

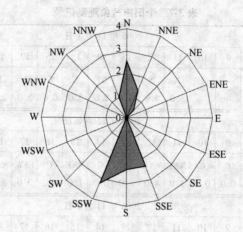

图 3-11　个旧市观测期间地面风速玫瑰图（单位：m/s）

按 P-T 方法划分稳定度，分为强不稳定（A）、不稳定（B）、弱不稳定（C）、中性（D）、较稳定（E）和稳定（F）六类。在观测期间，由于风速和太阳辐射强度的不断变化，导致稳定度的不断变化，以 B 类出现频率最高；其次是 A、D、F 类，三者出现频率相近；C、E 类出现频率较低。各稳定度出现频率见图 3-12。

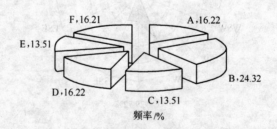

图 3-12　稳定度频率分布图

## 3.3　观测结果

本次观测共获得数据 28 组，根据矢量法要求的短线长度不超过2m，通过取舍共获得有效数据17组。

　　风速随高度的变化有正常型、极值型、等值型、不规则型，本次现场观测的代表结果见图3-13。

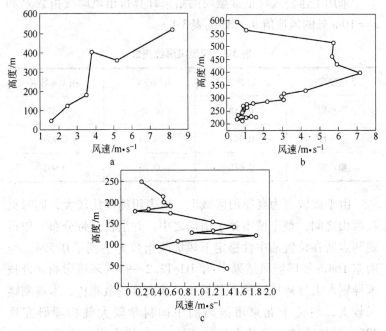

图3-13　风随高度的变化

a—正常型；b—极值型；c—不规则型

　　由于下垫面较为复杂，加上天气变化较大，现场风向变化的频率过快，因此，观测结果显示，正常型和极值型所占比例均为35.3%，不规则型占29.4%。正常型风速随高度的变化采用指数律，公式如下：

$$u = u_1 \left( \frac{z}{z_1} \right)^P \tag{3-21}$$

式中，$u$ 为 $z$ 高度处的风速值，m/s；$u_1$ 为 $z_1$ 高度处的风速值，m/s；$z_1$ 为已知高度，m，一般取10m；$P$ 为风廓线指数，它不仅与大气稳定度有密切关系，而且随下垫面状况而变化。实验指出，$P$ 随地面粗糙度的增大而增大；随着垂直交换的增强，垂直方向风速差异减小，一般 $P$ 值在 0 与 1 之间。

采用上述公式对正常型观测结果计算得出风廓线指数 $P$ 和 $z_1 = 10m$ 处的风速值 $u_1$（详见表 3-8）。

表 3-8　实测风廓线指数

| 大气稳定度 | $P$ | $u_1/m \cdot s^{-1}$ | 相关系数 $R$ |
|---|---|---|---|
| 不稳定 | 0.518 | 0.45 | 0.873 |
| 中　性 | 0.594 | 0.60 | 0.934 |
| 稳　定 | 0.615 | 0.20 | 0.902 |

由于该城市为高原山区城市，地表粗糙度比较大，同时夹在两山之间，整个城市处于山坳之中，并呈狭长带分布，使得观测点所在位置的中性稳定下风廓线指数 $P$ 达到了 0.594。与南京 164m 铁塔测风结果[87] 和 HJ/T2.2—93《环境影响评价技术导则　大气环境》推荐的城市风速高度指数相比，本观测结果较大，与位于北京市区内的中国科学院大气物理研究所 325m 气象塔的实测拟合值接近[88]。究其原因，主要是由于本观测地位于高原山区城市，地形起伏和高楼林立使下垫面粗糙度加大，地面风速变小，高空风速受到的影响不大，从而使风廓线指数加大[89]。从图 3-13b 可以明显看出，在出山脊顶处 400m 左右，由于风出口变得开阔，风速出现了突然下降的现象。

由于下垫面的复杂，加上天气变化较大，现场风向变化的频率过快，因此，观测结果显示规则型所占比例较低，仅为 22.2%。经过对现场观测结果的筛选，选出 2006 年 11 月 2 日下午 19：00 的观测结果，风向为南风，稳定度为 D 类，见表 3-9。

表3-9　风速观测结果

| 序　号 | 现场 Z/m | 实际平均风速 $u$/m·s$^{-1}$ | ln$u$ | ln$z$ | ln($z$/10) |
|---|---|---|---|---|---|
| 1 | 10 | | | 2.303 | |
| 2 | 48.9 | 1.6 | 0.470 | 3.890 | 1.587 |
| 3 | 124.7 | 2.5 | 0.916 | 4.826 | 2.523 |
| 4 | 175.3 | 3.5 | 1.253 | 5.166 | 2.863 |
| 5 | 360.4 | 5.2 | 1.649 | 5.887 | 3.584 |
| 6 | 404.9 | 3.8 | 1.335 | 6.004 | 3.701 |
| 7 | 522.9 | 8.2 | 2.104 | 6.259 | 3.956 |

　　这里采用指数律进行描述，对表3-9中 ln$u$ 、ln($z$/10) 两项进行 $y = A + Bx$ 回归，$B$ 即为 $P$，结果如图3-14所示。

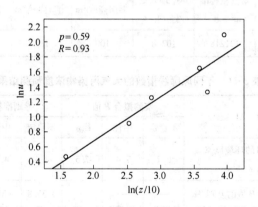

图3-14　风速廓线实测值

　　图3-14中大气稳定度属于 D 类，观测点所在位置的风廓线指数 $P$ 为 0.59，同时在出老阴山山壁顶处 400m 左右（在 1∶10000 地形图上老阴山山壁顶处海拔 2100m，个旧湖面海拔 1685m）。由于风出口变得开阔，风速出现了下降，这一特殊地形所形成的气流特征与观测结果相吻合。

　　本风洞位于昆明市区，昆明市区海拔约 1890m，接近个旧市区的海拔高度。根据昆明气象站多年的观测资料，昆明平均气温 14.9℃，气压 8.106 × 10⁴Pa，平均相对湿度 73%，与个旧市区气象条件相近。

## 3.4　风廓线指数对大气污染物预测浓度的影响

　　根据 HJ/T 2.2—93《环境影响评价技术导则　大气环境》，城市扩散参数需作提级处理，即不稳定情况不提级，中性和稳定情况向不稳定方向提一级。以云锡集团第一冶炼厂点源为例（排放情况见表 3-10），采用高斯模式预测大气污染物浓度，结果见表 3-11。

表 3-10　点源排放清单

| 污染源名称 | 烟气量标准 /m³·h⁻¹ | SO₂ 排放量 /kg·h⁻¹ | 烟囱高度/m | 出口内径/m | 烟气温度/℃ |
|---|---|---|---|---|---|
| 烟化炉系统 | 121218 | 102.8 | 100 | 1.5 | 48 |

表 3-11　不同风廓线指数的大气污染物浓度预测结果

| 项　目 | 实测拟合 $P$ 值 | | | 导则推荐 $P$ 值 | | |
|---|---|---|---|---|---|---|
| | 不稳定 | 中性 | 稳定 | 不稳定 | 中性 | 稳定 |
| 烟囱出口的环境风速 /m·s⁻¹ | 6.7 | 7.4 | 7.5 | 4.3 | 4.9 | 5.2 |
| 与实测拟合 $P$ 值的差别/% | — | — | — | −35.8 | −33.8 | −30.7 |
| 烟气抬升高度/m | 23 | 21 | 20 | 35 | 31 | 29 |
| 与实测拟合 $P$ 值的差别/% | — | — | — | 52.2 | 47.6 | 45.0 |
| 最大落地浓度/mg·标准 m⁻³ | 0.0447 | 0.0364 | 0.0194 | 0.0582 | 0.0468 | 0.0237 |
| 与实测拟合 $P$ 值的差别/% | — | — | — | 30.2 | 28.6 | 22.2 |
| 最大落地浓度点距污染源距离/m | 844 | 1468 | 4146 | 923 | 1609 | 4662 |
| 与实测拟合 $P$ 值的差别/% | — | — | — | 9.4 | 9.6 | 12.4 |

由表3-11可以看出，在多年平均风速和同一稳定度下，实测拟合 $P$ 值预测的最大落地浓度及其距离均小于导则推荐 $P$ 值的预测结果，最大落地浓度减少22.2%～30.2%，最大落地浓度出现距离减少9.4%～12.4%。根据高斯模式，大气污染物浓度随烟气有效高度的减小而增加，随烟囱口环境风速的增加而减小，风速比烟气抬升高度对浓度的影响更大一些。

# 4 风洞实验

## 4.1 流场调试

个旧市区模型长 5.25m，相当于个旧市城区南北向跨度 5.25km，宽 2.62m，即个旧市现场东西跨度 2.62km，模型制作范围为东经 103°8′36″~103°10′8″，北纬 23°20′54″~23°23′42″。在模型的制作过程中保证了几何相似；物理过程相似遵守湍流雷诺数相等（即遵守日本学者 Nemoto 提出的模拟风速和实际风速之比等于模型缩比的 1/3 次方）。本实验中缩比 1/1000，所以风洞模拟风速为现场的 1/10 即能满足雷诺数相似的要求。模拟现场的流场特征，从而再现现场的流场。

### 4.1.1 实验方法

稳定性测试：调整速度分布器、粗糙元和风栏，使风机转数在一定范围内各个转速下观测点对应位置处的风廓线指数 $P$ 值在 0.59 附近，并进一步确定风洞模拟现场实测风速的对应值（根据指数律，现场 175m 高度风速为 3.3m/s，风洞模拟值为 0.33m/s）所需的风机转速。布点情况见图 4-1。风洞粗糙元段

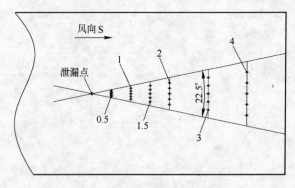

图 4-1   测点布置（单位：km）

和测试段如图 4-2 和图 4-3 所示。

图 4-2 风洞粗糙元段

图 4-3 风洞测试段

测点布置：采取泄放点下风向 22.5°扇形面范围内，在相当于现场 500m、1000m、1500m、2000m、3000m、4000m 6 个剖面上各布置 5 个测点，每一个剖面测点之间的距离为：500m 剖面为 100m；1000m 剖面为 150m；1500m 剖面为 200m；2000m

剖面为250m；3000m和4000m剖面为300m。从左到右分别为1号至6号断面，从下至上分别为1号至5号观测点。

风速测量：用一台热球风速仪（QDF-3型）控制边界层风速，以保证在整个试验过程中边界层风速在调试流场规定的数值范围内，并保持不变。用另一台热球风速仪测量每一个测点的地面风速（由于风速仪探头的最低位置只能放到离地面0.02mm高，相当于现场0.02m高）和垂直方向不同高度的风速值，风洞内垂直方向的高度定为：20mm、35mm、55mm、85mm、125mm、175mm、225mm、300mm、400mm、475mm，相当于现场高度：20m、35m、55m、85m、125m、175m、225m、300m、400m、475m。由于地形条件和移测架的限制，个别组数据高度略有调整。通过各个高度的风速值来计算其风廓线指数 $P$ 值。

通过风速和风廓线指数 $P$ 来研究关心点的流场。

读数时间：在局部地区流场实验过程中，每次测量读数时间间隔为5s，连续50s，共10组数据。

### 4.1.2 风洞现场观测对照点流场调试

通过速度分布器粗糙元及风栏调试风洞流场，发现调整不同断面木杆的高度和疏密可快速实现风洞与现场流场的相似。不同转数下的现场观测对照点的风廓线指数 $P$ 如图4-4所示[85]。

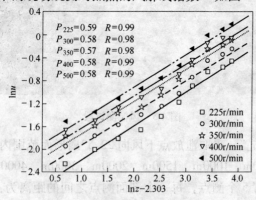

图4-4 不同转速下的风廓线指数

图4-4考察了速度分布器开度和粗糙元段布置在不同风速下的稳定性。从图中可以看出，在模型中不同转速下与现场观测的对应点的风廓线指数 $P$ 值在 $0.57 \sim 0.59$ 之间，偏差 $\leqslant 3.39\%$。进一步对各转数下175m高度的风速进行回归，结果如图4-5所示，确定了实验所需的风机转数为270r/min，270r/min时与现场观测风洞点对应的风洞内各个高度风速和风廓线指数 $P$ 值结果见图4-6。南风条件下流场相似的调试结果见表4-1。

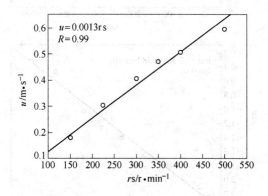

图4-5 175m高度不同转速下的风速图

**表4-1 流场相似的调试结果**

| 项 目 | 个旧市现场 | | 风洞模型 | |
| --- | --- | --- | --- | --- |
| | 高度/m | 风速/m · s $^{-1}$ | 高度/mm | 风速/m · s $^{-1}$ |
| 模拟高度风速 | 175 | 3.3 | 175 | 0.34 |
| 稳定度类别 | 中性（D） | | 中性（D） | |
| 风廓线指数 | 0.59 | | 0.58 | |

从表4-1可以计算出，风洞与现场风廓线误差小于1.7%。

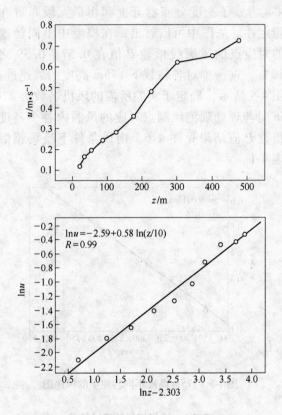

图 4-6　270r/min 下风速和风廓线指数

### 4.1.3　实验结果与分析

此次重气泄漏扩散模拟的泄漏点位于个旧市区南端小山坡之上，距模型南端距离为 60cm（相当于现场 600m），与模型西端的距离为 90cm（相当于现场 900m），具体位置见图 4-7[85]。

泄漏点位置上不同高度风速与风廓线指数见图 4-8。

由于泄漏点地势较高，离地 0.02m 高度风速相对较大，图 4-5 中泄漏点处 10m 高风速对数即为 $\ln u_{10}$，相关系数 0.99，由此得出地面 10m 高的风速为 1.96m/s。

图4-7 泄漏位置图

　　将南风向下6个断面的各个测点所得的不同高度风速及风廓线实验结果列于图4-9~图4-20。

　　图4-9、图4-10为距泄漏点下风向0.5m断面处各个测点不同高度风速和各点的风廓线指数情况，各点的海拔高度差在38~115m之间，风廓线指数在0.31~0.49之间，相关系数在0.98~0.99之间。2、3号测点风廓线值较大，主要是因为两点位于背风坡，近地层风速较小，而各测点高空风速比较相近。1号点由于处于山坳以及建筑物的包围中，形成的街道风和峡谷风使得该点一开始风速随高度增加上升明显，并随着高度升高趋势逐渐减小。4、5号测点高于3号测点且地势相对平坦，因而$P$值较小。各点在200m以上变化趋势相对稳定。由建筑群、

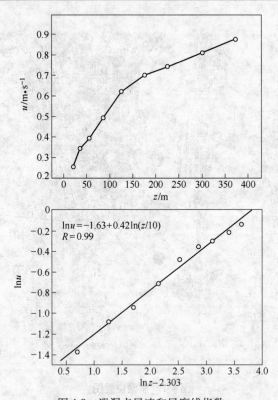

图 4-8    泄漏点风速和风廓线指数

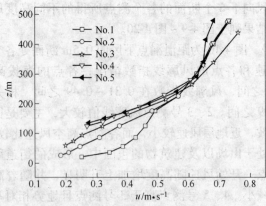

图 4-9    1 号断面各测点不同高度风速

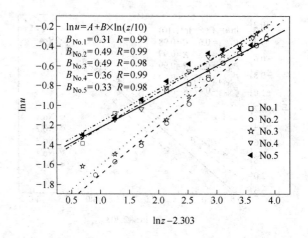

图 4-10 1 号断面各测点 P 值

山丘等组成的复杂地形使得同一高度流场不均匀，同一高度风速值及 P 值有一定的差异。

考察图 4-11、图 4-12，2 号断面上地势高度差小于 8m，1、3、4 号测点由于前面建筑物的遮挡效应，形成的湍流分别造成了 55m、35m、40m 以下的低风速区，并使得该点的风廓线指数 P

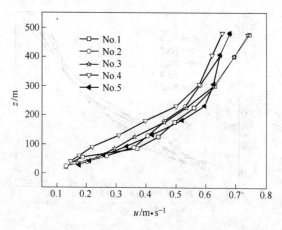

图 4-11 2 号断面各测点不同高度风速

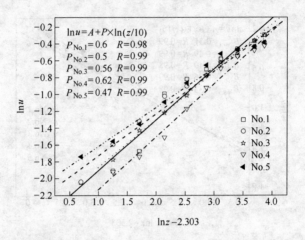

图 4-12　2 号断面各测点 $P$ 值

值较大。各点总体趋势变化不大，但同样受复杂地形的影响，各
点在同一高度的风速值存在一定的差异。4 号点由于前方山体阻
挡形成的过山气流使得该点较其他点在同一个高度的风速值小。

　　3 号断面上，1～4 号测点地势比较平坦，5 号点位于老阳山
的坡上，高出金湖水面大约 46m。在同一高度上风速值还是有差

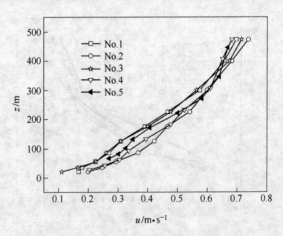

图 4-13　3 号断面各测点不同高度风速

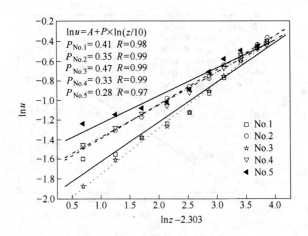

图 4-14　3 号断面各测点 P 值

异。1 号测点位于金湖南端一高层建筑后，由于湍流形成的低风速区使得 35m 以下风速变化不大，3 号测点位于建筑群中，地面风速相对较小，其复杂的气流也使得 55～85m 高度之间风速变化不大，导致 1、3 号点的 P 值较大，5 号点四周无遮挡，且地势高，其地面与各高度上的风速差距相对较小，使得 P 值较小。

4 号断面 1 号测点位于金湖 NE 方向的城市向湖面的延伸尖

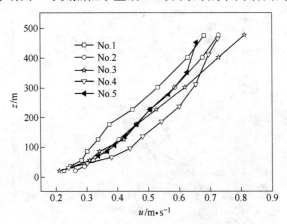

图 4-15　4 号断面各测点不同高度风速

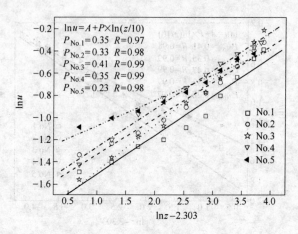

图 4-16　4 号断面各测点 $P$ 值

角后方，在这一位置上受前方的阻挡在约 180m 以下，风速随高度变化比较小，2 号测点在金湖的中心地带，风速随高度变化曲线较为平顺。4 号断面上整体地势为东低西高，4 号、5 号测点分别高出前面 3 个测点 10m 和 50m，各点的地面粗糙度有较大差异，有湖面、城市地面以及一般的浅丘地形，使得这一断面上的各点同一高度的风速差异变大。由于 5 号测点的地面粗糙

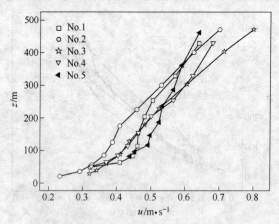

图 4-17　5 号断面各测点不同高度风速

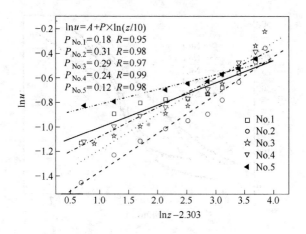

图 4-18　5 号断面各测点 $P$ 值

度较小，因此其 $P$ 值也较小。

由图 4-17 各个测点的地面起始高度可以看出，2 号测点位于此断面上的低凹区，与其余各点的地势高度差依次为 28m、8m、30m、62m。2 号点由于下垫面建筑群的影响使得离地 175m 以下的风速值较小，风廓线指数 $P$ 值较大。1 号和 5 号点下风向为浅丘地带，粗糙度相对较低，离地高度 55m 以下，前三个高度风速变化较快；两点的高空风速由于随着各个测点间距的逐渐增大，使得两边测点离风洞壁的距离逐渐减小，受风洞壁的影响，1 号、5 号点的高空风速偏低。

从图 4-19 和图 4-20 可以看出，6 号断面地势呈中间低两边高的 V 形形状，两边高度对称，较处于两边浅丘地带所形成的峡谷中的 3 号点，2 号、4 号点地势高出约 45m，1 号、5 号点高出 3 号点约 64m。受这一特殊地形的影响，1 号和 5 号、2 号和 4 号点风速随高度变化趋势接近，两者同一高度的风速差也比较小，风廓线指数 $P$ 也比较接近。居中的 3 号点受两边浅丘的影响，形成的峡谷风使其风速增大，和其余各点在同一高度形成了一定的风速差。

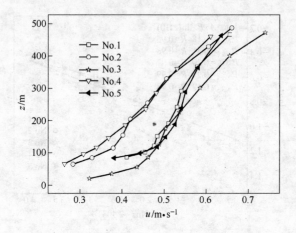

图 4-19　6 号断面各测点不同高度风速

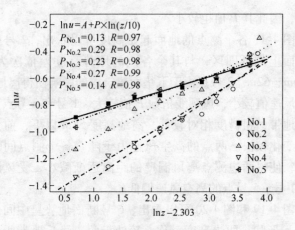

图 4-20　6 号断面各测点 $P$ 值

　　泄漏点下风向不同距离处风速随高度的变化图见图 4-21。

　　图 4-21 反映的是 S 风向下，由泄漏点、6 个断面的中间点风速随高度变化图。以海拔最低的观测点 2-3 为地势基点，泄漏点和点 1~3 则位于个旧市南部的山丘上，与基点的海拔高度差分别为 103m 和 39m。点 3-3、4-3、5-3、6-3 与基点的地势高度

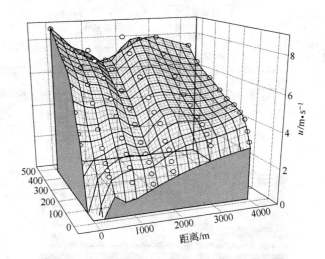

图 4-21 下风向六个断面中间测点不同高度风速

差分别为 6m、4m、12m、8m。在 170m 左右的高度上，由图中各测点的风速线形状可以看出，每一条风速线随高度的变化不规则，其随高度的变化一般是先升高，后有所下降，然后又升高。到 170m 左右高度，风速随高度变化最低，这是由于受到了个旧南部山丘所形成的过山气流的影响，其影响高度在 140 ～ 170m 之间。图中，点 4-3 处于狭长的个旧市区中间地带，这一断面上城市东西跨度最大，受此地形对气流疏导作用的影响，此点上的各风速值低于其余各点。

## 4.2 重气扩散示踪实验

### 4.2.1 实验方法

示踪扩散实验装置由环境风洞、施放装置及采样装置等组成，详见图 4-22 至图 4-24。

风洞内测定的风速高度指数为 0.56 ～ 0.59，与现场双经纬仪小球测风观测结果 0.59 接近。风速高度指数较大主要是由于

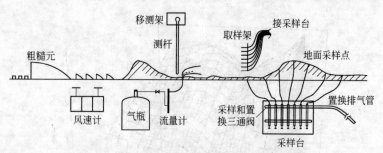

图 4-22　示踪扩散实验装置示意图

图 4-23　重气泄放装置

图 4-24　采样台

本观测点位于高原山区城市，地形起伏和高楼林立使下垫面粗糙度加大，进而使风速高度指数加大。此时的雷诺数 $Re = UL/\nu = 975000$，大于临界雷诺数 13800[89]。

采用冷排放示踪气体模拟大气污染物的扩散等特点。示踪剂种类较多，如氟利昂 12、六氟化硫等，由于氟利昂 12 价廉、易得、不易分解，与液化气的密度比较接近，空气中的背景值很低，便于气相色谱仪分析，因此本实验采用氟利昂 12 作为示踪剂。模拟风向为南风，风洞内泄漏处上方 10mm 高度处风速 0.196m/s，根据日本学者根本茂（Nemoto）提出的相似准则换算，相当于现场 10m 高的风速为 1.96m/s。

测点布置：地面上采用扇形布点法布设，以重气泄漏处为顶点在下风向弧度为 22.5°扇形面积内布点（如图 4-25 所示）。设 0.25m、0.5m、0.75m、1.0m、1.25m、1.5m、1.75m 共 7 个剖面，横风向布置 6～7 个采样点，每个剖面上横风向采样点之间的距离分别为：0.25m 剖面 0.05m；0.5m、0.75m 剖面 0.1m；1.0m、1.25m 剖面 0.15m；1.5m、1.75m 剖面 0.2m。

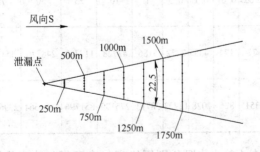

图 4-25 测点布置

在垂直方向上，地面（0.001m）、0.02m、0.03m、0.05m、0.08m、0.12m、0.18m 各布设一个采样点。

气温 299K，$8.171 \times 10^4$Pa 时，皂膜流量计与转子流量计的测定结果相关系数达 0.9985，相关性较好。

示踪剂流量控制：用转子流量计将示踪气体流量精确控制在 1270mL/min，使其均匀地从泄漏源排出。

### 4.2.2　分析方法

测定方法：本研究采用的分析仪器和材料主要有 Agilent（安捷伦）6820 气相色谱仪，Cerity 色谱工作站，ECD 检测器，中科院兰州化学物理研究所制造的 $\phi3.2mm \times 1.83m$ 不锈钢填充柱，内部装填 5A 分子筛（粒径 198～246μm）固定相，1mL 进样器若干，氟利昂 12 标准样，5mL、0.02mL、100mL 注射器及橡胶帽若干。

在色谱定量分析中，较常用的定量方法有归一化法、外标法和内标法。本书采用外标法。

氟利昂 12 保留时间 0.48min，单个样品响应时间仅 1min，不同浓度时的峰高与峰面积见表 4-2。

**表 4-2　不同浓度时的峰高与峰面积**

| 浓度 /mL·m⁻³ | 0.005 | 0.01 | 0.1 | 0.5 | 1 | 10 | 25 | 50 | 75 | 100 |
|---|---|---|---|---|---|---|---|---|---|---|
| 峰高/Hz | 72 | 174 | 435 | 2272 | 5186 | 42728 | 117707 | 248776 | 353365 | 477002 |
| 峰面积 /Hz·s | 351 | 826 | 2028 | 12723 | 28713 | 275179 | 851796 | 1906664 | 2996898 | 3903980 |

采用表 4-2 的数据分别用峰高、峰面积与浓度作图 4-26 和图 4-27。

从图 4-26 和图 4-27 中可以看出，浓度与峰高、峰面积呈线性关系。

针对表 4-2 数据采用最小二乘法，浓度与峰高、峰面积进行

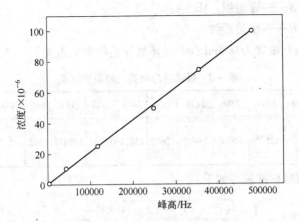

图 4-26 浓度与峰高的关系图

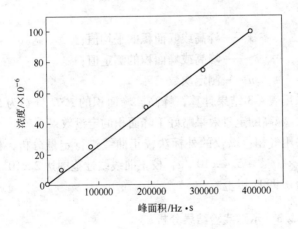

图 4-27 浓度与峰面积的关系图

线性回归，结果如下：

$$c = 0.0648 + 2.0916 \times 10^{-4} H, R = 0.9997 \qquad (4-1)$$

$$c = 0.8952 + 2.5319 \times 10^{-5} S, R = 0.9992 \qquad (4-2)$$

式中 $c$——氟利昂 12 浓度，mL/m³；

$H$——峰高，Hz；

$S$——峰面积，$Hz \cdot s$；

$R$——相关系数。

$1mL$ 浓度为 $0.5mL/m^3$ 的样品分析结果见表4-3。

**表 4-3　标准样品峰高、峰面积结果**

| 峰高/Hz | 2259 | 2286 | 2479 | 2324 | 2486 | 2427 | 2524 | 2167 | 2488 | 2444 |
|---|---|---|---|---|---|---|---|---|---|---|
| 峰面积/Hz·s | 12535 | 12910 | 13692 | 12672 | 13971 | 13793 | 14297 | 11512 | 14232 | 13823 |

相对标准偏差如下：

$$RSD = \frac{1}{\bar{x}} \sqrt{\frac{(x_n - \bar{x})^2 + (x_{n-1} - \bar{x})^2 + \cdots + (x_1 - \bar{x})^2}{n-1}}$$

$$(4\text{-}3)$$

式中　　　　　$\bar{x}$——峰高或峰面积的平均值；

$x_1$，$x_2$，$\cdots$，$x_n$——峰高或峰面积的测定值；

$n$——测定次数。

采用表4-3结果计算，峰高、峰面积的 $RSD$ 分别为 5.0%、6.7%，峰高的定量效果略好于峰面积的定量效果。

采用气相色谱仪的外标法校正曲线进行定量分析，检测范围 $2.7 \times 10^{-11} \sim 5.4 \times 10^{-7}g$，校正曲线线性范围达 $2 \times 10^4$，相关系数为 0.9992 以上。

### 4.2.3　示踪实验结果分析

本次实验结果较多，这里选取有代表性的下风轴线不同距离不同高度处的浓度变化、泄漏点下风向 1m 处横风向浓度分布以及对同一地点不同环境风速条件下的浓度变化进行分析。

#### 4.2.3.1　下风向轴线不同距离不同高度处的浓度变化

泄漏源下风向轴线不同距离、不同高度处的测定结果见图4-28。

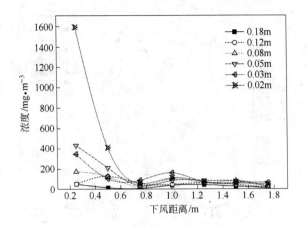

图 4-28 不同下风距离和高度处的浓度

由图 4-28 可以看出，空气中的重气扩散呈现出随着下风距离增加，浓度逐渐降低的现象，至下风向 0.5m 以后，浓度随下风距离的变化趋缓，主要原因是泄漏源下风向 0.5m 之后，0.18m 高度以内的重气混合得比较均匀。下风向同一地面点，浓度随高度增加而减小，0.02m 高度以上浓度随高度的变化趋于平缓，这是由于重气泄漏源为面源，且其密度比空气重，因此其扩散基本贴近地面，至一定高度后重气浓度迅速减小。

### 4.2.3.2 横风向的浓度变化

泄漏点下风向 1m 处横风向浓度分布图见图 4-29。

从图 4-29 可以看出，浓度随横风向的变化呈现出偏态分布，即距离轴线越远，浓度越低。这是泄漏源向下倾斜和下风向西高东低的地势等因素造成的。

### 4.2.3.3 同一地点不同环境风速条件下的浓度变化

环境风洞内同一地点不同环境风速条件下的浓度分布见图 4-30。

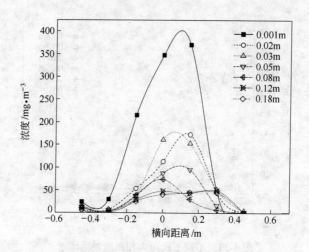

图 4-29　下风向 1m 处横风向浓度分布

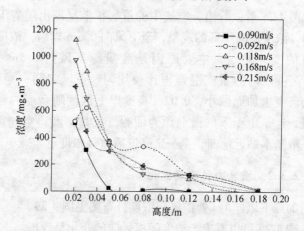

图 4-30　下风向 0.5m 处不同环境风速条件下的浓度分布

由图 4-30 可以看出，对于同一泄漏源强，泄漏源下风向某一点的浓度先随环境风速的增加而增大，然后随环境风速的增加而减小，也就是说存在一个危险风速，在这一危险风速下，重气浓度达到最大值。通过计算本风洞实验 $u^* z_0/\nu$ 值（见表 4-4），并与尼库拉德斯（Nikuradse）[89] 在风洞试验中的发现对照，当 $0.13 < u^* z_0/\nu < 2.5$ 时是一个过渡区，空气流动既不是光滑的也不是完全粗糙的。本风洞实验五个风速条件下的 $u^* z_0/\nu$ 值均处于这一过渡区，但当宏观黏滞系数 $u^* z_0$ 与空气运动黏度 $\nu^{[89]}$ 的比值 $u^* z_0/\nu$ 处于最大值时，重气浓度出现最大值。主要由于重气密度比空气大，加上泄漏源为地面源，重气贴近地面稀释扩散。因此黏滞系数越大，越不利于重气的稀释扩散，导致重气浓度出现最大值。

**表 4-4 不同风速条件下的 $u^* z_0/\nu$**

| 10mm 高风速 /m·s$^{-1}$ | 0.063 | 0.090 | 0.092 | 0.106 | 0.118 | 0.132 | 0.168 | 0.215 |
|---|---|---|---|---|---|---|---|---|
| 摩擦速度 $u^*$ /m·s$^{-1}$ | 0.035 | 0.049 | 0.062 | 0.068 | 0.080 | 0.066 | 0.069 | 0.079 |
| 地面粗糙度 $z_0$/μm | 97.63 | 97.1 | 118.0 | 110.9 | 120.0 | 88.83 | 72.4 | 60.0 |
| 相关系数 $R$ | 0.985 | 0.978 | 0.973 | 0.982 | 0.968 | 0.979 | 0.977 | 0.980 |
| $u^* z_0/\nu$ | 0.228 | 0.317 | 0.488 | 0.503 | 0.640 | 0.391 | 0.333 | 0.316 |

注：本环境风洞只能模拟中性层结时大气扩散现象，中性层结时近地层的风速廓线用对数律描述，表中 $u^*$、$z_0$ 等参数采用对数律和最小二乘法回归得出。

近地层中风速随高度的变化规律可采用对数律描述：

$$u = \frac{u^*}{k}\ln\frac{z}{z_0} \tag{4-4}$$

式中　$u$——高度为 $z$ 处风速值，m/s；

　　　$u^*$——摩擦速度，m/s；

　　　$k$——卡门（Karman）常数，常取 0.4；

　　　$z$——高度，m；

　　　$z_0$——地面粗糙度，m。

$z_0$ 是一个由实验确定的量，通常情况下，下垫面越粗糙，$z_0$ 值也越大。

令 $Y = u^* z_0/\nu$，根据 $Y$ 和 $U$ 散点图，发现其关系接近抛物线形，采用表 4-4 数据，使用多项式拟合，求得 $u^* z_0/\nu$ 与风速 $U$ 的关系（相关系数 $R = 0.7872$）见图 4-31。

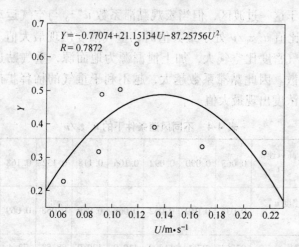

图 4-31　$u^* z_0/\nu$ 与风速的关系图

将 $Y = -0.77074 + 21.15134U - 87.25756U^2$ 对 $U$ 求导，当 $\mathrm{d}Y/\mathrm{d}U = 0$ 时求得的风速即为危险风速，计算结果为 0.121m/s，与本风洞实验结果得到的危险风速 0.118m/s 十分接近。

# 5  重气扩散过程的数值模拟

重气扩散的数学模型主要有箱模型、相似模型、浅层模型和流体力学模型等。本书采用计算流体力学模型来研究重气扩散过程。

由源释放出的重气，在大气中的输送与扩散是一个三维非定常多组分的湍流流动和传热、传质过程，其运动规律受质量守恒、牛顿第二定律、热力学第一定律和组分输送定律控制，其控制方程包括质量守恒方程、动量守恒方程、能量守恒方程，以及气体状态方程等辅助关系式。由于大气流动是非定常湍流流动，因此这些方程均为湍流形式。

因此，应用流体力学与传热的基本定律，确立起控制重气流动和扩散过程的微分方程组，加上湍流模型及一些物理特性关系式，就可以得到描述重气流动和扩散过程的封闭微分方程组。对于不考虑化学反应的扩散问题，需要求解的方程是：一个连续性方程、三个动量方程、一个能量方程和一个组分方程，以及两个湍流量的方程。控制微分方程组加上一些辅助公式（理想气体状态方程等）便可使得方程组封闭，再加上定解条件（初始条件、边界条件）就构成一个完整的数学问题。

## 5.1  重气流动和扩散过程的基本微分方程

重气输送和扩散过程的微分控制方程在不同的坐标系中有不同的表现形式。直角坐标系是常用的坐标系，选取如图 5-1 所示的直角坐标系。图 5-1a 为三维直角坐标系，选取上游来流风向为 $x$ 轴方向，水平面上垂直于 $x$ 轴的方向为 $y$ 轴方向，垂直地面向上的方向为 $z$ 方向，图中所示的长方体为某一典型的尺寸为 $dx \times dy \times dz$ 的控制容积。图 5-1b 为二维直角坐标系，选取上游来流风向为 $x$ 轴方向，垂直地面向上的方向为 $z$ 方向，图中所示的长方形为某一典型的尺寸为 $\mathrm{d}x \times \mathrm{d}z$ 的控制容积。在图中所示的控制容积上运用动量、能量和质量衡算，就可得出描述重气输送和扩散过程的微分方程组。

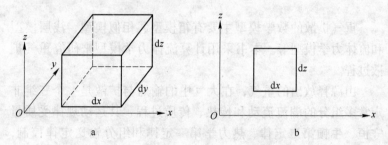

图 5-1　直角坐标系及控制容积示意图

### 5.1.1　气相流动和扩散的控制微分方程

#### 5.1.1.1　连续性方程

质量守恒方程：任何流动问题都必须满足质量守恒定律。该定律表述为：单位时间内流体微元体中质量的增加，等于同一时间间隔内流入该微元体的净质量。即：

$$\frac{\partial \rho}{\partial t} + \frac{\partial (\rho u)}{\partial x} + \frac{\partial (\rho v)}{\partial y} + \frac{\partial (\rho w)}{\partial z} = 0 \tag{5-1}$$

#### 5.1.1.2　动量守恒方程

动量守恒定律也是任何流动系统都必须满足的基本定律。该定律可表述为：微元体中流体的动量对时间的变化率等于外界作用在该微元体上的各种力之和。该定律实际上是牛顿第二定律。按照这一定律，可导出 $x$，$y$ 和 $z$ 三个方向的动量守恒方程：

$$\frac{\partial (\rho u)}{\partial t} + \rho u \frac{\partial u}{\partial x} + \rho u \frac{\partial v}{\partial y} + \rho u \frac{\partial w}{\partial z}$$

$$= \frac{\partial}{\partial x}\left(\mu \frac{\partial u}{\partial x}\right) + \frac{\partial}{\partial y}\left(\mu \frac{\partial u}{\partial y}\right) + \frac{\partial}{\partial z}\left(\mu \frac{\partial u}{\partial z}\right) - \frac{\partial p}{\partial x} \tag{5-2}$$

$$\frac{\partial (\rho v)}{\partial t} + \rho v \frac{\partial u}{\partial x} + \rho v \frac{\partial v}{\partial y} + \rho v \frac{\partial w}{\partial z}$$

$$= \frac{\partial}{\partial x}\left(\mu \frac{\partial v}{\partial x}\right) + \frac{\partial}{\partial y}\left(\mu \frac{\partial v}{\partial y}\right) + \frac{\partial}{\partial z}\left(\mu \frac{\partial v}{\partial z}\right) - \frac{\partial p}{\partial y} \tag{5-3}$$

$$\frac{\partial (\rho w)}{\partial t} + \rho w \frac{\partial u}{\partial x} + \rho w \frac{\partial v}{\partial y} + \rho w \frac{\partial w}{\partial z}$$

$$= \frac{\partial}{\partial x}\left(\mu \frac{\partial w}{\partial x}\right) + \frac{\partial}{\partial y}\left(\mu \frac{\partial w}{\partial y}\right) + \frac{\partial}{\partial z}\left(\mu \frac{\partial w}{\partial z}\right) - \frac{\partial p}{\partial z} + (\rho - \rho_a)g \tag{5-4}$$

式中，$\mu$ 是动力黏度；$\rho$ 为空气密度；$g$ 为重力加速度。

### 5.1.1.3 能量守恒方程

能量守恒定律是包含有热交换的流动系统必须满足的基本定律。该定律可表述为：微元体积中能量的增加率等于进入微元体的净热流量加上体力与面力对微元体所做的功，该定律实际是热力学第一定律。能量守恒方程为：

$$\frac{\partial (\rho T)}{\partial t} + \frac{\partial (\rho u T)}{\partial x} + \frac{\partial (\rho v T)}{\partial y} + \frac{\partial (\rho w T)}{\partial z}$$

$$= \frac{\partial}{\partial x}\left(\frac{\kappa}{c_p} \frac{\partial T}{\partial x}\right) + \frac{\partial}{\partial y}\left(\frac{\kappa}{c_p} \frac{\partial T}{\partial y}\right) + \frac{\partial}{\partial z}\left(\frac{\kappa}{c_p} \frac{\partial T}{\partial z}\right) \tag{5-5}$$

式中，$c_p$ 是比热容；$T$ 为温度；$k$ 为流体的传热系数。根据传递相似率，湍流导热系数可通过普朗特（Prandtl）数 $Pr$ 与湍流黏性系数 $\mu$ 相关联，即：

$$Pr = \frac{\mu c_p}{\kappa}$$

298K，$1.0125 \times 10^5 \mathrm{Pa}$ 下的空气 $Pr = 0.72$。

### 5.1.1.4 组分质量守恒方程

由组分质量守恒定律可得出组分质量守恒方程：

$$\frac{\partial (\rho c_s)}{\partial t} + \frac{\partial}{\partial x}(\rho u c_s) + \frac{\partial}{\partial y}(\rho v c_s) + \frac{\partial}{\partial z}(\rho w c_s)$$

$$= \frac{\partial}{\partial x}\left[D_s \frac{\partial (\rho c_s)}{\partial x}\right] + \frac{\partial}{\partial y}\left[D_s \frac{\partial (\rho c_s)}{\partial y}\right] + \frac{\partial}{\partial z}\left[D_s \frac{\partial (\rho c_s)}{\partial z}\right] + S_s$$

$$(5-6)$$

式中，左侧第一项、第二项分别为时间变化率、对流项，右侧为扩散项，为组分的质量分率，$D$ 为流体的湍流扩散系数。根据传递相似率，湍流扩散系数 $D$ 可通过施密特（Schmidtl）数 $\sigma_c$ 与 $\mu$ 联系起来，即：

$$\sigma_c = \frac{D}{\rho \mu}$$

$\sigma_c$ 取为常数，一般可取 1。

### 5.1.1.5　理想气体状态方程

理想气体状态方程为：

$$\rho = pM/RT \tag{5-7}$$

式中，$R$ 是摩尔气体常数。

对于重气质量分率为 $\omega$ 的混合气体，其平均分子量 $M$ 可用式（5-8）表示：

$$\frac{1}{M} = \frac{\omega}{Mv} + \frac{1 - \omega}{Ma} \tag{5-8}$$

式中，$Mv$ 为泄漏扩散物质的分子量；$Ma$ 为空气分子量，将式（5-8）代入式（5-7），则混合气体的密度可表示为：

$$\rho = P \bigg/ \left[RT\left(\frac{\omega}{Mv} + \frac{1 - \omega}{Ma}\right)\right] \tag{5-9}$$

### 5.1.2　湍流流动模型

直接数值模拟（Direct Numerical Simulation，DNS）是模拟湍流流动最准确的方法，但 DNS 方法要占据庞大的计算机容量和 CPU 时间。该方法目前尚不能解决任何实际工程问题。

由于在实际工程应用中,人们普遍关心的是流动的时均值,而忽略湍流的细节,因此,目前大量的工程湍流计算还是依赖基于求解雷诺时均方程和关联量输送方程的湍流模拟方法,也就是湍流的雷诺时均方程法(Reynolds Association Numerical Simulation,RANS)。湍流黏性系数可用多种方法求出,不同的方法构成了不同的湍流输送系数模型,如零方程模型(如 Prandtl 混合长度模型等)、一方程湍流流动模型(如 K 理论模型等)、双方程湍流流动模型(如 $\kappa\text{-}\varepsilon$ 双方程模型等)、雷诺应力湍流流动模型等。

在重气扩散过程中,重力扩展阶段及障碍物附近会产生回流,采用 $\kappa\text{-}\varepsilon$ 双方程模型比较合适[90]。

### 5.1.2.1  标准 $\kappa\text{-}\varepsilon$ 湍流模型

标准 $\kappa\text{-}\varepsilon$ 模型是典型的两方程模型,该模型是目前使用最广泛的湍流模型。

在关于湍流动能 $\kappa$ 方程的基础上,引入一个关于湍流耗散率 $\varepsilon$ 的方程,便形成了 $\kappa\text{-}\varepsilon$ 两方程模型,称为标准 $\kappa\text{-}\varepsilon$ 模型。在模型中,湍动黏度 $\mu_t$ 可表示成 $\kappa$ 和 $\varepsilon$ 的函数,即:

$$\mu_i = \rho C_\mu \frac{\kappa^2}{\varepsilon} \tag{5-10}$$

式中,$C_\mu$ 为经验常数,取 0.0845。

在标准 $\kappa\text{-}\varepsilon$ 模型中,$\kappa$ 和 $\varepsilon$ 是两个基本未知量,与之相对应的输送方程为:

$$\frac{\partial(\rho\kappa)}{\partial t} + \frac{\partial(\rho\kappa u_i)}{\partial x_i} = \frac{\partial}{\partial x_j}\left[\left(\mu + \frac{\mu_t}{\sigma_k}\right)\frac{\partial k}{\partial x_j}\right] + G_k - \rho\varepsilon \tag{5-11}$$

$$\frac{\partial(\rho\varepsilon)}{\partial t} + \frac{\partial(\rho\varepsilon u_i)}{\partial x_i} = \frac{\partial}{\partial x_j}\left[\left(\mu + \frac{\mu_t}{\sigma_\varepsilon}\right)\frac{\partial\varepsilon}{\partial x_j}\right] + \frac{C_{1\varepsilon}\varepsilon}{\kappa}G_k - C_{2\varepsilon}\rho\frac{\varepsilon^2}{\kappa}$$

$$\tag{5-12}$$

$G_k$ 是由于平均速度梯度引起的湍流动能的产生项，由下式计算：

$$G_k = \mu_t \left( \frac{\partial u_i}{\partial x_j} + \frac{\partial u_j}{\partial x_i} \right) \frac{\partial u_i}{\partial x_j} \qquad (5\text{-}13)$$

根据 Lauder 等的推荐值及后来的实验验证，模型常数 $C_{1\varepsilon}$、$C_{2\varepsilon}$、$\sigma_\kappa$、$\sigma_\varepsilon$ 的取值为：$C_{1\varepsilon} = 1.44$，$C_{2\varepsilon} = 1.92$，$\sigma_\kappa = 1.0$，$\sigma_\varepsilon = 1.3$。

### 5.1.2.2　RNG $\kappa$-$\varepsilon$ 湍流模型

RNG $\kappa$-$\varepsilon$ 湍流模型和标准 $\kappa$-$\varepsilon$ 湍流模型有相似的形式：

$$\frac{\partial(\rho\kappa)}{\partial t} + \frac{\partial(\rho\kappa u_i)}{\partial x_i} = \frac{\partial}{\partial x_j} \left[ \left( \mu + \frac{\mu_t}{\sigma_k} \right) \frac{\partial k}{\partial x_j} \right] + G_k - \rho\varepsilon \qquad (5\text{-}14)$$

$$\frac{\partial(\rho\varepsilon)}{\partial t} + \frac{\partial(\rho\varepsilon u_i)}{\partial x_i} = \frac{\partial}{\partial x_j} \left[ \left( \mu + \frac{\mu_t}{\sigma_\varepsilon} \right) \frac{\partial \varepsilon}{\partial x_j} \right] + \frac{C_{1\varepsilon}\varepsilon}{\kappa} G_k - C_{2\varepsilon}\rho \frac{\varepsilon^2}{\kappa} - R_\varepsilon$$

$$(5\text{-}15)$$

其中湍流动能生成项的计算和标准 $\kappa$-$\varepsilon$ 湍流模型完全相同。

湍流黏性系数与湍流动能 $\kappa$ 和湍流耗散率 $\varepsilon$ 关联式为：

$$\mu_t = \rho C_\mu \frac{\kappa^2}{\varepsilon} \qquad (5\text{-}16)$$

RNG $\kappa$-$\varepsilon$ 湍流模型和标准 $\kappa$-$\varepsilon$ 湍流模型主要区别在于增加了以下项：

$$R_\varepsilon = \frac{\rho C_\mu \eta^3 (1 - \eta/\eta_0) \varepsilon^2}{1 + \beta\eta^3} \frac{\varepsilon^2}{\kappa} \qquad (5\text{-}17)$$

其中，$\eta = S\kappa/\varepsilon$，$S = \frac{1}{2} \left( \frac{\partial u_i}{\partial x_j} + \frac{\partial u_j}{\partial x_i} \right)$，$\eta_0 = 4.38$，$\beta = 0.012$。

模型常数：$C_{1\varepsilon} = 1.42$，$C_{2\varepsilon} = 1.68$。

其他常数：$C_\mu = 0.0845$，$\sigma_\kappa = 1.0$，$\sigma_\varepsilon = 1.3$。

### 5.1.2.3 Realizable $\kappa$-$\varepsilon$ 湍流模型

$\kappa$ 和 $\varepsilon$ 方程[90] 分别是：

$$\frac{\partial(\rho\kappa)}{\partial t} + \frac{\partial(\rho\kappa u_i)}{\partial x_i} = \frac{\partial}{\partial x_j}\left[\left(\mu + \frac{\mu_t}{\sigma_k}\right)\frac{\partial k}{\partial x_j}\right] + G_k - \rho\varepsilon \tag{5-18}$$

$$\frac{\partial(\rho\varepsilon)}{\partial t} + \frac{\partial(\rho\varepsilon u_i)}{\partial x_i} = \frac{\partial}{\partial x_j}\left[\left(\mu + \frac{\mu_t}{\sigma_\varepsilon}\right)\frac{\partial\varepsilon}{\partial x_j}\right] + \rho C_l E_{ij}\varepsilon - C_2\rho\frac{\varepsilon^2}{\kappa + \sqrt{\nu\varepsilon}} \tag{5-19}$$

其中的 $\kappa$ 方程和标准 $\kappa$-$\varepsilon$ 模型在形式上完全一样，只是模型常数不同，而 $\varepsilon$ 方程和标准 $\kappa$-$\varepsilon$ 模型、RNG $\kappa$-$\varepsilon$ 模型的 $\varepsilon$ 方程有很大的不同，即湍流生成项中不包括 $\kappa$ 的生成项，它不含相同的 $G_k$ 项。

$$\left.\begin{aligned}
&\sigma_\kappa = 1.0, \sigma_\varepsilon = 1.2, C_2 = 1.9 \\
&C_l = \max\left(0.43, \frac{\eta}{\eta + 5}\right) \\
&\eta = (2E_{ij} \cdot E_{ij})^{1/2}\frac{\kappa}{\varepsilon} \\
&E_{ij} = \frac{1}{2}\left(\frac{\partial u_i}{\partial x_j} + \frac{\partial u_j}{\partial x_i}\right)
\end{aligned}\right\} \tag{5-20}$$

涡黏性系数、湍流动能 $\kappa$ 和湍流耗散率 $\varepsilon$ 的关联式为：

$$\mu_t = \rho C_\mu \frac{\kappa^2}{\varepsilon} \tag{5-21}$$

不同于标准 $\kappa$-$\varepsilon$ 模型和 RNG $\kappa$-$\varepsilon$ 模型，此时 $C_\mu$ 不再是常数，计算式如下：

$$C_\mu = \frac{1}{A_0 + A_s\kappa U^*/\varepsilon} \tag{5-22}$$

其中，

$$A_0 = 4.0$$

$$A_s = \sqrt{6}\cos\phi$$

$$\phi = \frac{1}{3}\arccos(\sqrt{6}W)$$

$$W = \frac{E_{ij}E_{jk}E_{ki}}{(E_{ij} \cdot E_{ij})^{1/2}}$$

$$E_{ij} = \frac{1}{2}\left(\frac{\partial u_i}{\partial x_j} + \frac{\partial u_j}{\partial x_i}\right)$$

$$U^* = \sqrt{E_{ij} \cdot E_{ij} + \tilde{\Omega}_{ij}\Omega_{ij}}$$

$$\tilde{\Omega} = \Omega_{ij} - 2\varepsilon_{ijk}\omega_\kappa$$

$$\Omega_{ij} = \overline{\Omega}_{ij} - \varepsilon_{ijk}\omega_k$$

$$(5\text{-}23)$$

这里的 $\overline{\Omega}_{ij}$ 是从角速度为 $\omega_\kappa$ 的参考系中观察到的时均转动速率张量。显然，对无旋转的流场，上式中 $U^*$ 计算式根号中的第二项为零。

### 5.1.3   近壁处理

#### 5.1.3.1   近壁区流动的特点

大量的试验表明，对有固体壁面的充分发展的湍流流动，沿壁面法线的不同距离上，可将流动划分为壁面区（或称近壁区）和核心区。核心区的流动是完全湍流区，在壁面区，流体运动受壁面流动条件的影响比较明显，壁面区又可分为三个子层：黏性底层、过渡层、对数律层。黏性底层是一个紧贴固体壁面的极薄层，其中黏性力在动量、热量及质量传递中起主导作用，湍流切应力可以忽略，因此流动几乎是层流流动，平行于壁面的速度分量沿壁面法线方向为线性分布。

过渡层处于黏性层的外面，其中黏性力与湍流应力的作用相当，流体流动状况比较复杂，很难用一个公式或定律描述。由于过渡层的厚度极小，因此在工程计算中通常不明显划出，而将其归入对数律层。

对数律层处于最外层，其中黏性力的影响不明显，湍流切应力占主导地位，流动处于充分发展的湍流状态，流速分布接近对数律。

为了用公式描述黏性底层和对数律内的流动，现引入两个无量纲的参数 $u^+$ 和 $y^+$，分别用来表示速度和距离：

$$u^+ = \frac{u}{u_\tau} \qquad (5-24)$$

$$y^+ = \frac{\Delta y}{\nu} \sqrt{\frac{\tau_w}{\rho}} \qquad (5-25)$$

式中，$u$ 是流体的时均速度；$u_\tau$ 是壁面摩擦速度，$u_\tau = \sqrt{\tau_w/\rho}$，$\tau_w$ 是壁面切应力；$y^+$ 是网格到壁面的距离。

以 $y^+$ 的对数为横坐标，以 $u^+$ 为纵坐标，将壁面区内三个子层及核心区的流动表示在图中。图中的小三角形及小空心圆代表在两种不同 $Re$ 数下实测得到的速度值 $u^+$，斜线代表对速度进行拟合后的结果。

参考图 5-2[71]，当 $y^+ < 5$ 时，所对应的区域是黏性底层，

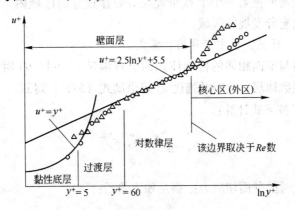

图 5-2　近壁区域的各支层

这时速度沿壁面法线方向呈线性分布，即：

$$u^+ = y^+ \tag{5-26}$$

当 $60 < y^+ < 300$ 时，流动处于对数律层，这时速度沿壁面法线方向呈对数律分布，即：

$$u^+ = \frac{1}{\kappa}\ln y^+ + B = \frac{1}{\kappa}\ln(Ey^+) \tag{5-27}$$

式中，$\kappa$ 为 Karman 常数；$B$ 和 $E$ 是与表面粗糙度有关的常数，对于光滑壁面，有 $\kappa = 0.4$，$B = 5.45$，$E = 9.8$，壁面粗糙度的增加将使 $B$ 值减小。将 $y^+ = 11.63$ 作为黏性底层与对数律层的分界点。

### 5.1.3.2　壁面函数法

壁面函数法实际是一组半经验公式，用于将壁面上的物理量与湍流核心区待求的未知量直接联系起来，它必须与高 $Re$ 数 $\kappa\text{-}\varepsilon$ 模型配合使用。

对于湍流核心区的流动使用 $\kappa\text{-}\varepsilon$ 模型求解，而在壁面区不进行求解，直接使用半经验公式将壁面上的物理量与湍流核心区内的求解变量联系起来。在划分网格时，不需要在壁面区加密，只需要把第一个节点布置在对数律成立的区域内，即配置到湍流充分发展的区域。

**A　动量方程中变量的计算式**

当与壁面相邻的控制体积的节点满足 $y^+ > 11.63$ 时，流动处于对数律层，此时的速度 $u_p$ 可借助式（5-27）得到。

$y^+$ 按下式计算：

$$y^+ = \frac{\Delta y_p C_\mu^{1/4} \kappa_p^{1/2}}{\mu} \tag{5-28}$$

此时的壁面切应力 $\tau_w$ 满足如下关系：

$$\tau_w = \rho C_\mu^{1/4} \kappa_p^{1/2} u_p / u^+ \tag{5-29}$$

**B　能量方程中温度 $T$ 的计算式**

能量方程以温度 $T$ 为求解未知量，为了建立计算网格节点上的温度与壁面上物理量之间的关系，定义新的参数 $T^+$ 如下：

$$T^+ = \frac{(T_w - T_p)\rho c_p C_\mu^{1/4} \kappa_p^{1/2}}{q_w} \qquad (5\text{-}30)$$

式中，$T_p$ 是与壁面相邻的控制体积节点处的温度，$T_w$ 是壁面上的温度，$\rho$ 是流体的密度，$c_p$ 是流体的比热容，$q_w$ 是壁面上的热流密度。

壁面函数法通过下式将计算网格节点上的温度 $T$ 与壁面上的物理量相联系：

$$T^+ = \begin{cases} Pr\, y^+ + \dfrac{1}{2}\rho Pr \dfrac{C_\mu^{1/4}\kappa_p^{1/2}}{q_w}u_p^2 \quad (y^+ \leqslant y_T^+) \\[4mm] Pr_t\left[\dfrac{1}{\kappa}\ln(Ey^+) + P\right] + \dfrac{1}{2}\rho\dfrac{C_\mu^{1/4}}{q_w}\left[Pr_t u_p^2 + (Pr - Pr_t)u_c^2\right] \\[4mm] \qquad (y^+ > y_T^+) \end{cases}$$

$$(5\text{-}31)$$

对不可压缩流体，可直接按下式计算：

$$T^+ = Pr_t\left[\frac{1}{\kappa}\ln(Ey^+)\right] + P \qquad (5\text{-}32)$$

式中，参数 $P$ 由下式计算：

$$P = 9.24\left[\left(\frac{Pr}{Pr_t}\right)^{3/4} - 1\right]\left(1 + 0.28e^{-0.007Pr/Pr_t}\right) \qquad (5\text{-}33)$$

式中，$Pr$ 是分子 Prandtl 数，$Pr = \mu c_p/\kappa_f$，$\kappa_f$ 是流体的热传导系数，$Pr_t$ 是湍动 Prandtl 数（在壁面上取为 $0.8 \sim 0.9$），$u_c$ 是在 $y^+ = y_T^+$ 处的平均速度。这里的 $y_T^+$ 是在给定 $Pr$ 数的条件下，所对应的黏性底层与对数律层转换时的 $y^+$。

C 湍动能方程与耗散率方程中 $\kappa$ 和 $\varepsilon$ 的计算式

在 $\kappa$-$\varepsilon$ 模型中，$\kappa$ 方程是在包括与壁面相邻的控制体积内的所有计算域上进行求解的，在壁面上湍动能 $\kappa$ 的边界条件是：

$$\frac{\partial \kappa}{\partial n} = 0 \tag{5-34}$$

式中，$n$ 是垂直于壁面的局部坐标。

在与壁面相邻的控制体积内，构成 $\kappa$ 方程源项的湍动能产生项 $G_\kappa$ 及耗散率 $\varepsilon$，按局部平衡假定来计算，即在与壁面相邻的控制体积内 $G_\kappa$ 及 $\varepsilon$ 都是相等的。从而，$G_\kappa$ 按下式计算：

$$G_\kappa \approx \tau_w \frac{\partial u}{\partial y} = \tau_w \frac{\tau_w}{\kappa \rho C_\mu^{1/4} \kappa_p^{1/2} \Delta y_p} \tag{5-35}$$

$\varepsilon$ 按下式计算：

$$\varepsilon = \frac{C_\mu^{3/4} \kappa_p^{3/2}}{\kappa \Delta y_p} \tag{5-36}$$

根据以上分析可见，针对各求解变量（包括平均流速、温度、$\kappa$ 和 $\varepsilon$）所给出的壁面边界条件均已由壁面函数考虑到了，所以不用担心壁面处的边界条件。

## 5.2 微分方程的通用形式

重气流动、扩散的三维流动和扩散过程的各种模型都已确立，需要求解的未知数和已确立的微分方程之间就构成了封闭的数学问题。仔细观察这些微分方程，可以发现它们都具有相同的形式。连续性方程、动量方程、能量方程、组分质量守恒方程、湍流动能（$\kappa$）方程和耗散率（$\varepsilon$）方程都可写成下面的统一微分方程形式：

$$\frac{\partial (\rho \Phi)}{\partial t} + \frac{\partial}{\partial x_j} (\rho u_j \Phi) = \frac{\partial}{\partial x_j} \left( \Gamma_\Phi \frac{\partial \Phi}{\partial x_j} \right) + S_\Phi \tag{5-37}$$

式中，$\Phi$ 表示通用变量，$\Gamma_\Phi$ 为该变量的扩散系数，$S_\Phi$ 为其相应的源项。

表 5-1 列出了在气相流动和扩散微分方程中各项的含义。

**表 5-1　气相流动和扩散微分方程的通用方程中各项的含义**

| 方程 | 通用变量 $\Phi$ | 扩散系数 $\Gamma_\Phi$ | 源项 $S_\Phi$ |
|------|------|------|------|
| 连续性方程 | 1 | 0 | 0 |
| $u$ 方程 | $u$ | $\mu_t$ | $-\dfrac{\partial p}{\partial x} + \dfrac{\partial}{\partial x_j}\left(\mu_t \dfrac{\partial u_j}{\partial x_j}\right)$ |
| $v$ 方程 | $v$ | $\mu_t$ | $-\dfrac{\partial p}{\partial y} + \dfrac{\partial}{\partial x_j}\left(\mu_t \dfrac{\partial v_j}{\partial x_j}\right)$ |
| $w$ 方程 | $w$ | $\mu_t$ | $-\dfrac{\partial p}{\partial z} + \dfrac{\partial}{\partial x_j}\left(\mu_t \dfrac{\partial w_j}{\partial x_j}\right) + (\rho - \rho_a)g$ |
| 能量方程 | $T$ | $\dfrac{\mu_t}{\sigma_T}$ | $\dfrac{c_{pv} - c_{pa}}{c_p}\left[\left(\dfrac{\mu_t}{\sigma_c}\right)\dfrac{\partial \omega}{\partial x_j}\right]\dfrac{\partial T}{\partial x_j}$ |
| 组分质量<br>守恒方程 | $\omega$ | $\dfrac{\mu_t}{\sigma_c}$ | 0 |
| $\kappa$ 方程 | $\kappa$ | $\dfrac{\mu_t}{\sigma_{k0}}$ | $G_\kappa + G_B - \rho\varepsilon$ |
| $\varepsilon$ 方程 | $\varepsilon$ | $\dfrac{\mu_t}{\sigma_{e0}}$ | $C_{\varepsilon 1}\dfrac{\varepsilon}{\kappa}(G_\kappa + G_B) - C_{\varepsilon 2}\rho\dfrac{\varepsilon^2}{\kappa}$ |

## 5.3　定解条件

求解三维稳态的重气流动和扩散问题需要给出适当的初始条件和边界条件[52]。

### 5.3.1　求解区域的确定

选取来流方向为 $x$ 方向，水平面上垂直于 $x$ 的方向为 $y$ 方向，垂直地面向上的方向为 $z$ 方向，整个坐标系统符合右手规则。求解区域各边界除下边界为地面外，其他边界选在远离释放源且已达到充分发展的位置（见图 5-3）。

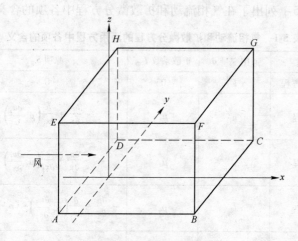

图 5-3　模型计算区域示意图

### 5.3.2　初始条件

在扩散模拟开始之前，必须提供相应于大气环境的初始条件。这些初始条件可能依赖于事先存在的相应于绝热大气流动或分层大气流动的大气温度场。要获得稳定的环境大气流场，必须是在不求解组分质量守恒方程的基础上，在假定的流场和合适的边界条件下，在计算域内求解其他方程，经过足够长的计算时间后，即可获得稳态的流场。这样求出的稳态流场以及相应的温度场就可作为随后扩散模拟的初始条件。在扩散模拟开始之前，由于没有泄漏物质，因此这一时刻计算域内各点的泄放物质浓度为零。

### 5.3.3　边界条件

由于本实验是处于恒温场进行的，因此，可采用给定不同的流场边界条件，以获得与风洞实验相似的稳定的环境大气流场。具体情况见图 5-4。

由于控制微分方程的椭圆形特性，因此在沿全部区域的边

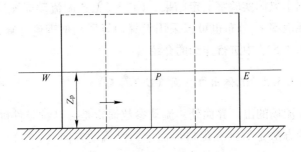

图 5-4　壁面控制体示意图

界上，所有变量需要给出边界条件。对如图 5-3 所示的求解区域，未考虑障碍物时，各界面的边界条件如下所述。

### 5.3.3.1　流体进口界面（ADHE 面）

在流场的进口界面处，必须给定来流的运动学、动力学和热力学条件，也就是说进口速度 $u_{in}$、进口温度 $T_{in}$、进口压力 $P_{in}$、进口湍流动能 $\kappa_{in}$ 和进口湍流耗散率 $\varepsilon_{in}$。进口速度 $u_{in}$、进口温度 $T_{in}$、进口压力 $P_{in}$ 这些值可由实验测定，这样就可给出这些变量在进口界面处的边界条件。假设入口边界上来流只有 $x$ 方向的速度，且速度随高度增加而增大，而 $y$、$z$ 方向速度为零。则：

$$u_{in} = u(z), v_{in} = w_{in} = 0, T_{in} = T(z), \omega_{in} = 0$$

$v_{in}$ 和 $T_{in}$ 的分布将在 5.3.4 节做详细介绍。

对于 $\kappa_{in}$ 和 $\varepsilon_{in}$[63]，可以根据实验所测定的值给定，但通常采用下列计算公式进行近似估计：

$\kappa_{in}$ 取来流的平均动能的一个百分数，即：

$$\kappa_{in} = 0.5 |u'|^2 = 0.5(0.1u_{in})^2 = 0.005u_{in}^2 \qquad (5\text{-}38)$$

$$\varepsilon_{in} = \frac{C_\mu^{3/4}\kappa_{in}^{3/2}}{l_{in}}, \quad l_{in} 按混合长度理论计算。$$

进口速度 $u_{in}$ 分布采用风洞模拟的相似准则确定；温度 $T_{in}$ 分

布根据本风洞实验室测定结果，即 23.5℃；湍流动能 $\kappa_{in}$ 分布和湍流耗散率 $\varepsilon_{in}$ 分布也可以采用大气边界层相似理论计算，本书将在 5.3.5 节中进行详细的介绍。

### 5.3.3.2　流体出口界面（BCGF 面）

在流场的出口界面处，流动参数通常是由连续条件确定的。常用的方法是假定在出口界面上，沿流动方向（$x$ 轴）各流动参数（除 $u$ 外）的导数为零，即：

$$\frac{\partial v}{\partial x} = \frac{\partial w}{\partial x} = \frac{\partial T}{\partial x} = \frac{\partial \omega_v}{\partial x} = \frac{\partial \omega}{\partial x} = \frac{\partial \kappa}{\partial x} = \frac{\partial \varepsilon}{\partial x} = 0 \quad (5\text{-}39)$$

对于速度 $u$，其出口界面上的边界条件为：$-p + \rho \kappa_x \dfrac{\partial u}{\partial x} = 0$。

### 5.3.3.3　自由界面（EFGH 面、DCGH 面或 ABFE 面）

选取 EFGH 面、DCGH 面或 ABFE 面（仅当 ABFE 面为非对称界面时）为自由界面。沿着这一边界，流体以一种未知速率与求解区域相关联。一般当没有卷吸和热传递时，自由界面可近似地当做对称界面处理；当有卷吸作用时，自由界面上的卷吸速度可通过靠近边界面的网格直接运用质量守恒定律而求出。其他变量在自由界面上的条件则可根据界面上的速度分量的方向确定，如速度方向是指向计算区域内的，则可将其他变量定义为外界流体的性质；如速度分量方向是指向计算区域外的，则可将其他变量的边界条件按流体出口界面条件给定。对于本书的计算，选取自由界面处没有卷吸作用，则各自由界面处的边界条件为：

在上顶面 EFGH 面上：$w = 0$，

$$\frac{\partial u}{\partial z} = \frac{\partial v}{\partial z} = \frac{\partial T}{\partial z} = \frac{\partial \omega_v}{\partial z} = \frac{\partial \omega_1}{\partial z} = \frac{\partial \kappa}{\partial z} = \frac{\partial \varepsilon}{\partial z} = 0 \quad (5\text{-}40)$$

在侧面 DCGH 面或 ABFE 面上：$v = 0$，

$$\frac{\partial u}{\partial y} = \frac{\partial w}{\partial y} = \frac{\partial T}{\partial y} = \frac{\partial \omega_v}{\partial y} = \frac{\partial \omega_l}{\partial y} = \frac{\partial \kappa}{\partial y} = \frac{\partial \varepsilon}{\partial y} = 0 \quad (5\text{-}41)$$

### 5.3.3.4 壁面（*ABCD* 面）

在地面的近壁区，湍流输送性质会发生陡峭的变化，如果仍想进行比较精确的计算，就需要布置许多网格点，这样一方面会增加很多计算费用，另一方面也会使有壁面影响的许多简单问题无法在一般的微机上运算。如果使用壁面函数就可以解决这个矛盾。

图 5-4 所示为壁面的控制体，以 $z$ 方向壁面为例，在有限差分方程中，首先使边界系数 $a_n = 0$，然后在线性化源项中加入壁面通量：

$$\Gamma_w \frac{\partial \phi}{\partial z} \times (\text{边界网格面积}) \quad (5\text{-}42)$$

写成有限差分形式：

$$\Gamma_w \frac{\phi_B - \phi_P}{\Delta z} \Delta x \Delta y \quad (5\text{-}43)$$

所以，增加的源项 $S_u$ 和 $S_P$ 分别为：

$$S_u = \Gamma_w \phi_B \frac{\Delta x \Delta y}{\Delta z} \quad (5\text{-}44)$$

$$S_P = \Gamma_w \frac{\Delta x \Delta y}{\Delta z} \quad (5\text{-}45)$$

式中，$\Gamma_w$ 为壁面处的有效交换系数，可从壁面函数中求出。

A 流速的壁面处理

对于层流，$\Gamma_w = \mu$，而且由于壁面的无滑移条件，使得 $u_B = 0$，因此：

$$S_u = 0 \quad (5\text{-}46)$$

$$S_P = \mu \frac{\Delta x \Delta y}{\Delta z} \quad (5\text{-}47)$$

对于湍流，假设在近壁区的薄流体层内湍流动能处处是平衡的，应用壁面指数定律：

$$u^+ = \frac{1}{\Pi}\ln(Ez_P^+) \tag{5-48}$$

$$z_P^+ = \frac{\rho C_\mu^{0.25} \kappa^{0.25} z_P}{\mu} \tag{5-49}$$

则：

$$\Gamma_w = \frac{\mu z_P^+}{u^+} \tag{5-50}$$

对于光滑表面，$\Pi = 0.4, E = 9.0$。

由于 $\kappa$-$\varepsilon$ 湍流流动模型仅在充分湍流区内有效，因此，必须保证与壁面相邻的第一个网格线位于 $z_P^+ > 11.5$ 的位置。如果在迭代中出现 $z_P^+ \leqslant 11.5$，就使用层流关系式。

因此，对于速度 $u$、$v$、$w$，其在壁面处的有效交换系数 $\Gamma_{wu}$、$\Gamma_{wv}$、$\Gamma_{ww}$ 分别为：

$$\phi = u\text{：当} z_P^+ \leqslant 11.5 \text{ 时}, \Gamma_{wu} = \mu \tag{5-51}$$

$$\text{当} z_P^+ > 11.5 \text{ 时}, \Gamma_{wu} = \frac{\mu z_P^+}{2.5\ln(9z_P^+)} \tag{5-52}$$

$$\phi = v\text{：当} z_P^+ \leqslant 11.5 \text{ 时}, \Gamma_{wv} = \mu \tag{5-53}$$

$$\text{当} z_P^+ > 11.5 \text{ 时}, \Gamma_{wv} = \frac{\mu z_P^+}{2.5\ln(9z_P^+)} \tag{5-54}$$

$$\phi = w\text{：} \quad \Gamma_{ww} = 0 \tag{5-55}$$

B　温度的壁面处理

对于温度变量 $T$，则采用下列关系式：

$$\phi = T\text{：当} z_P^+ \leqslant 11.5 \text{ 时}, \Gamma_{wT} = \frac{\mu}{Pr} \tag{5-56}$$

$$\text{当} z_P^+ > 11.5 \text{ 时}, \Gamma_{wT} = \frac{\mu z_P^+}{\sigma_T[2.5\ln(9z_P^+) + P]} \tag{5-57}$$

其中 
$$P = 9\left(\frac{Pr}{\sigma_T} - 1\right)\left(\frac{Pr}{\sigma_T}\right)^{-1/4} \quad (5\text{-}58)$$

C  $\kappa$、$\varepsilon$ 的壁面处理

$$\phi = \kappa$$

$\kappa$ 按 $\kappa$ 方程计算，边界条件取为 $\left(\dfrac{\partial \kappa}{\partial z}\right)_w = 0$ ，因而取 $\kappa$ 的扩散系数为 0；考虑壁面剪应力，产生项 $G_\kappa$ 被模化为：

$$G_\kappa = \Gamma_w \frac{u_P}{z_P} \Delta x \Delta y \Delta z \quad (5\text{-}59)$$

其中：

$$\Gamma_w = -\mu \frac{u_P}{z_P} \quad \text{或} \quad \Gamma_w = \frac{\rho C_\mu^{0.25} \kappa^{0.25} u_P}{u^+} \quad (5\text{-}60)$$

$$\phi = \varepsilon$$

假设近壁区 $\kappa$ 和 $\varepsilon$ 的长度尺度都是线性变化的，则壁面处第一个内节点上的 $\varepsilon$ 可按混合长度理论计算，则有：

$$\varepsilon_P = \frac{C_\mu^{0.75} \kappa^{1.5}}{0.4 z_P} \quad (5\text{-}61)$$

### 5.3.4 进口风速与温度的分布

要在计算区域内求解微分方程获得流场、温度场和浓度场，必须知道进口的风速分布、温度分布的情况。由于本实验是在恒温状态下进行的，因此，本节将详细介绍进口的风速分布计算方法。

在大气边界层中，由于摩擦力随高度增加而减小，因此，风随高度明显增大。风速随高度变化的曲线称为风速廓线，风速廓线的数学表达式称为风速廓线模式，常用的有对数律和指数律两种模式 [见式 (3-21) 和式 (4-4)]。

### 5.3.5 大气边界层相似理论

在 5.3.3 节进口边界条件的叙述中，对于进口速度、温度、

湍流动能和耗散率的分布可以采用大气边界层相似理论进行计算。一般来说，垂直方向的速度分布、位温（相对于某一参考值）分布可以采用下面的表达式表示：

$$u = u(z) = \frac{u_*}{\kappa}\left[\ln\frac{z}{z_0} + \Psi_m Ri_a\right] \tag{5-62}$$

$$\theta = \theta_a(z) = \frac{\theta_*}{\kappa}\left[\ln\frac{z}{z_0} + \Psi_\theta Ri_a\right] \tag{5-63}$$

相关的湍流动能（$\kappa$）及其耗散率（$\varepsilon$）定义为：

$$\kappa = C_\mu^{-1/2} u_*^2 \phi_\kappa \tag{5-64}$$

$$\varepsilon = \frac{u_*^3 \phi_\varepsilon}{\kappa z} \tag{5-65}$$

在上述公式中，$u_*$ 为摩擦速率，$z_0$ 为地面粗糙度，$\theta_*$ 为摩擦温度，$\kappa$ 为 von Karman 常数（$\kappa = 0.4$），$C_\mu$ 为一个经验常数（$C_\mu = 0.0845$），$\Psi_m$、$\Psi_\theta$、$\theta_\kappa$ 和 $\phi_\varepsilon$ 为相似函数。

相似函数 $\Psi_m$、$\Psi_\theta$、$\theta_\kappa$ 和 $\phi_\varepsilon$ 分别为：

$$\Psi_m Ri_a = \phi_m - 1 \tag{5-66}$$

$$\Psi_\theta Ri_a = \theta_m - 1 \tag{5-67}$$

$$\phi_\varepsilon = \phi_m - Ri_a \tag{5-68}$$

$$\phi_\kappa = \left(1 - \frac{Ri_a}{\phi_m}\right)^{1/2} = \left(\frac{\phi_\varepsilon}{\phi_m}\right)^{1/2} \tag{5-69}$$

又当 $Ri_a \geq 0$，$\phi_m = 1 + 6.45 Ri_a$ $\tag{5-70}$

$$\phi_\theta = 1.015 + 8.85 Ri_a \tag{5-71}$$

当 $Ri_a < 0$，$\phi_m = (1 - 20.6 Ri_a)^{-1/4}$ $\tag{5-72}$

$$\phi_\theta = (1 - 12.35 Ri_a)^{-1/2} \tag{5-73}$$

这里 $Ri_a$ 为环境理查逊数，$Ri_a = \dfrac{z}{L_a}$，其中 $L_a$ 为环境大气的莫宁-奥布霍尔长度尺度（Monin-Obukhov length scale）。$L_a$ 的定义为：

$$L_a = \frac{-u_*^3}{\kappa Q_0 \left( g / \theta_0 \right)} \tag{5-74}$$

式中，$\theta_0$ 为地面的位温；$Q_0$ 为湍流运动热通量，$Q_0$ 可以通过下式与地面垂直向上的热通量 $q_0$ 关联起来：

$$q_0 = \rho c_p Q_0 \tag{5-75}$$

式中，$\rho$ 为空气的密度；$c_p$ 为常压下空气的比热容。

摩擦位温 $\theta_*$ 与地面垂直向上的热通量 $q_0$ 的关系式为：

$$q_0 = -\rho c_p u_* \theta_*. \tag{5-76}$$

将式（5-75）、式（5-76）代入式（5-74），可得：

$$L_a = \frac{u_*^3}{\kappa \theta_* \left( g / \theta_0 \right)} \tag{5-77}$$

若知道了环境大气的莫宁-奥布霍尔长度尺度 $L_a$ 以及某一高度 $z_h$ 处的速度 $u_h$ 和位温 $\theta_h$，就可以通过式（5-68）和式（5-69）反推出摩擦速率 $u_*$ 和摩擦温度 $\theta_*$，即：

$$u_* = \kappa u_h \bigg/ \left( \ln \frac{z_h}{z_0} + \Psi_m Ri_a \right) \tag{5-78}$$

$$\theta_* = \kappa \theta_h \bigg/ \left( \ln \frac{z_h}{z_0} + \Psi_m Ri_a \right) \tag{5-79}$$

将 $u_*$ 和 $\theta_*$ 代入式（5-70）和式（5-71），即可获得进口处速度、位温以及湍流动能和耗散率随高度变化的分布函数。

但是，从式（5-77）可以看出，$L_a$ 与 $u_*$ 和 $\theta_*$ 是相互关联的，所以，$L_a$、$u_*$ 和 $\theta_*$ 必须通过迭代的方法来求取，迭代步骤如下：

（1）首先假设一个 $L_a$ 值（第一步可以假设 $L_a = \infty$，这就意味着 $\Psi_m = \Psi_\theta = 0$），代入式（5-78）、式（5-79）就可以求出 $u_*$ 和 $\theta_*$。

（2）利用求得的 $u_*$ 和 $\theta_*$ 值，代入式（5-77），可以求出一个新的 $L_a$ 值。

（3）判断 $L_a$ 值是否收敛，若不收敛，重复步骤（1）和步骤（2），直到 $L_a$ 收敛为止。

## 5.4　重气扩散过程数值模拟计算方法

　　描述三维重气输送和扩散过程的控制微分方程组在 5.1 中已经确立，仔细分析这些方程，发现它们具有以下特点：

　　（1）非线性：方程中存在因变量或它们的导数的非一次项，主要表现在对流项和源项；

　　（2）多变量：方程中存在着 $x$，$y$，$z$，$t$ 四个自变量，是三维非稳态过程；

　　（3）强耦合：各方程不互相独立，因变量交错地存在于各个方程之中；

　　（4）定解条件复杂：实际情况是多种多样的[52]。

　　以上几个特点决定了这些微分方程不可能用解析法求解，而只能将微分方程组离散化以后，用数值迭代法求解。微分方程离散化成代数方程，其本质通常是用积分区域内有限数目的孤立点上的不连续的函数值取代函数定义域内的连续函数值。目前，常用的离散化方法包括有限体积法、有限差分法、有限元法、边界元法和有限分析法等。有限体积差分法目前被认为是处理流体力学问题时最有效的离散化方法，它采用贴体的坐标变换方法，具有物理意义明确、计算简单、易于实现等优点，有限体积法正越来越显示出其强大的生命力从而被广泛应用。目前，国际上比较流行的商品化流体力学软件 PHOENICS、CFX以及 FLUENT 等即是以此方法为基础的。本书将采用有限体积法对重气输送和扩散过程的微分方程组进行离散化。

### 5.4.1　求解区域的网格化

#### 5.4.1.1　基本思路

　　求解区域即待求函数定义域，其网格化是微分方程离散化的基础，网格化的方式影响到微分方程离散化的难易，也关系到解的精确性、收敛性和求解过程的经济性。

求解区域的网格化形式很多，如正交与非正交网格、均匀与非均匀网格、固定与变网格等。本书的数值模拟计算都是以正交、非均匀、固定的网格体系为基础。在求解区域内，网格点和它所对应的控制容积体的位置一般有两种对应形式：一种是先确定网格节点，控制容积体表面定在两个网格节点的中间（A类网格）；另一种是先确定控制容积体，再把网格节点定在对应控制容积体的中心（B类网格）。本书使用的是后一种的网格划分法，其优点是：一方面如果变量在整个控制容积体内均匀分布时，就可以用控制容积体中心（即对应网格节点）上的值替代平均值；另一方面也可以使网格很容易地覆盖整个研究区域；对速度的交错网格而言，可使速度方程中的压力梯度源项转化为简单的节点压力差。在处理有内部障碍物的问题时，可很容易地将控制容积界面置于障碍物的表面上，从而确保在同一控制体内物理性质等条件不至于发生太大的变化。

对于正交网格，如图 5-5a 所示，在空间三维坐标方向上把求解区域分成多个网格单元，每个网格单元是一个有限大小的立方体（即控制容积），网格节点位于每个立方体的正中心。图 5-5b 所示为任一控制容积，与其相对应的网格节点为 $P$，它的相邻网格节点为：$W$ 为西部相邻节点（$x$ 负方向）；$E$ 为东部相邻节点（$x$ 正方向）；$S$ 为南部相邻节点（$y$ 负方向）；$N$ 为北部相邻节点（$y$ 正方向）；$B$ 为下部相邻节点（$z$ 负方向）；$T$ 为上

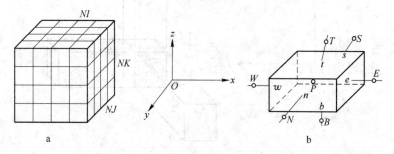

图 5-5 直角坐标下的网格化与控制容积示意图

部相邻节点（$z$ 正方向）；$P^0$ 为前一时间步的同一节点（$t$ 负方向）。

　　$W$，$E$，$S$，$N$，$B$，$T$ 是 $P$ 点与各相邻节点连线与控制容积各表面的交点。微分方程的离散化就是对每一个控制容积写出一个线性方程，联系 $P$，$W$，$E$，$S$，$N$，$B$，$T$，$P^0$ 各节点的变量值，线性方程的形式如下：

$$a_p\phi_p = a_E\phi_E + a_W\phi_W + a_N\phi_N + a_S\phi_S +$$

$$a_T\phi_T + a_B\phi_B + a_p^0\phi_p^0 + b \qquad (5\text{-}80)$$

式中，$a_i$ 和 $b$ 不一定是常数，这是非线性方程离散化的必然结果。

### 5.4.1.2　速度变量的交错网格

　　在同一积分区域内，对需要求解的各个因变量可以用同一种网格，也可以用不同的网格。目前，在计算流体力学中普遍应用的是速度变量的交错网格，即速度变量 $u$、$v$、$w$ 的控制容积与其他一般变量的控制容积并不重合，而是部分错开，变量 $u$ 的节点位于 $W$、$E$ 位置，变量 $v$ 的节点位于 $S$、$N$ 位置，变量 $w$ 的节点位于 $B$、$T$ 位置。图 5-6 所示为同一个三维空间点

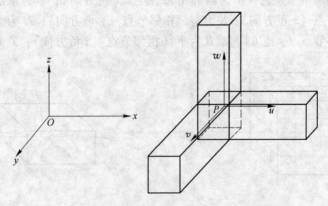

图 5-6　速度变量与其他一般变量的节点相对位置

$(I, J, K)$的速度变量与其他一般变量的节点相对位置。

交错网格的直接结果使得对有关点的速度分量计算时不必再进行内插，就可以计算出通过控制容积表面的质量通量；此外还避免了阶梯形速度场和压力场的出现，从而保证了数值解在物理上的真实性。

当网格为非均匀网格时，一般变量的节点总是在控制容积的中心，而速度变量的节点可能不在其控制容积的中心，而且：

速度变量 $u$ 的节点总数和控制容积总数为：$(NI-1) \times NJ \times NK$；

速度变量 $v$ 的节点总数和控制容积总数为：$NI \times (NJ-1) \times NK$；

速度变量 $w$ 的节点总数和控制容积总数为：$NI \times NJ \times (NK-1)$。

### 5.4.2　微分方程的离散化形式

#### 5.4.2.1　通用方程的离散化形式

将通用方程在图 5-7 所示的控制容积上用控制容积的有限体积法对它们进行离散化，最终的离散化方程为：

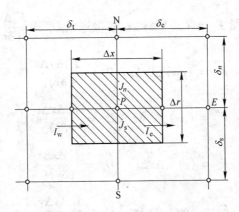

图 5-7　控制容积示意图

$$a_P\phi_P = a_E\phi_E + a_W\phi_W + a_N\phi_N + a_S\phi_S + a_T\phi_T + a_B\phi_B + b \tag{5-81}$$

式中：

$$a_E = D_eA(P_e) = D_eA(|P_e|) + [|-F_e,0|] \tag{5-82}$$

$$a_W = D_wB(P_w) = D_wB(|P_w|) + [|-F_w,0|] \tag{5-83}$$

$$a_N = D_nA(P_n) = D_nA(|P_n|) + [|-F_n,0|] \tag{5-84}$$

$$a_S = D_sA(P_s) = D_sA(|P_s|) + [|-F_s,0|] \tag{5-85}$$

$$a_T = D_tA(P_t) = D_tA(|P_t|) + [|-F_t,0|] \tag{5-86}$$

$$a_B = D_bA(P_b) = D_bA(|P_b|) + [|-F_b,0|] \tag{5-87}$$

$$a_p^0 = \frac{\rho_p^0\Delta x\Delta y\Delta z}{\Delta t} \tag{5-88}$$

$$b = S_e\Delta x\Delta y\Delta z + a_p^0\phi_p^0 \tag{5-89}$$

$$a_p = a_E + a_W + a_N + a_S + a_T + a_B + a_p^0 - S_p\Delta x\Delta y\Delta z \tag{5-90}$$

其中：

$$对流通量\ F_e = (\rho u)_e\Delta y\Delta z,\ 扩散通量\ D_e = \frac{\Gamma_e\Delta y\Delta z}{(\delta x)_e} \tag{5-91}$$

$$F_w = (\rho u)_w\Delta y\Delta z \quad D_w = \frac{\Gamma_w\Delta y\Delta z}{(\delta x)_w} \tag{5-92}$$

$$F_n = (\rho v)_n\Delta x\Delta z \quad D_n = \frac{\Gamma_n\Delta x\Delta z}{(\delta y)_n} \tag{5-93}$$

$$F_s = (\rho v)_s\Delta x\Delta z \quad D_s = \frac{\Gamma_s\Delta x\Delta z}{(\delta y)_s} \tag{5-94}$$

$$F_t = (\rho w)_t\Delta x\Delta y \quad D_t = \frac{\Gamma_t\Delta x\Delta y}{(\delta z)_t} \tag{5-95}$$

$$F_b = (\rho w)_b \Delta x \Delta y \quad D_b = \frac{\Gamma_b \Delta x \Delta y}{(\delta z)_b} \tag{5-96}$$

贝克列数 $P = F/D$

符号 $[\,|A,B|\,]$ 表示 $A$ 和 $B$ 中的较大者。

函数 $A(\,|P|\,)$ 选取幂函数方案：

$$A(\,|P|\,) = [\,|0,(1 - 0.1|P|)^5|\,] \tag{5-97}$$

### 5.4.2.2　动量方程和连续性方程的离散化

动量方程的离散化采用交错网格，如图 5-8 所示。

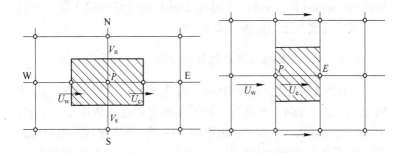

图 5-8　交错网格示意图

对动量方程的离散化方法与上面的推导过程类似，最终的离散化形式为：

$$a_e u_e = \Sigma a_{nb} u_{nb} + b + (P_P - P_E)A_e \tag{5-98}$$

$$a_n u_n = \Sigma a_{nb} v_{nb} + b + (P_P - P_N)A_n \tag{5-99}$$

$$a_t u_t = \Sigma a_{nb} w_{nb} + b + (P_P - P_T)A_t \tag{5-100}$$

由于压力 $P$ 间接地由连续性方程决定，有必要对连续性方程进行离散化，采用与其他变量一样的控制容积，对连续性方程在控制容积上积分，有：

$$\frac{\rho_P - \rho_P^0}{\Delta t} + \left[ (\rho u)_e - (\rho u)_w \right] \Delta y \Delta z + \left[ (\rho v)_n - (\rho v)_s \right] \Delta z \Delta x +$$

$$\left[ (\rho w)_t - (\rho w)_b \right] \Delta x \Delta y = 0 \qquad (5\text{-}101)$$

这就是连续性方程的离散化方程。

### 5.4.3　速度与压力耦合的处理方法

求解流体流动问题时，由于流场事先不可知，又缺乏明显的压力控制方程，因此，速度与压力的耦合便成为一个困难。但是压力场可以间接地通过连续性方程确定，以连续性方程来联系速度场和压力场，相互校正，进行求解。本书采用了 Semi-Implicit Method for Pressure Linked Equations（SIMPLE）[90] 系列算法来求解速度与压力的耦合关系。

#### 5.4.3.1　交错网格系统的处理方法

在图 5-8 所示的交错网格中，首先假设一个压力场 $P^*$，求解 $x$、$y$、$z$ 三方向上的动量方程，便可得到在该估计压力场 $P^*$ 下的速度场 $u^*$、$v^*$、$w^*$。由于假设的压力场不合理，得出的速度一般不会满足连续性方程，因而会产生一个质量积累源项 $b$，又假定正确的压力场为：

$$P = P^* + P' \qquad (5\text{-}102)$$

其中，$P'$ 为压力修正，把式（5-102）代入动量方程，可得：

$$u = u^* + u' \qquad (5\text{-}103)$$

$$v = v^* + v' \qquad (5\text{-}104)$$

$$w = w^* + w' \qquad (5\text{-}105)$$

其中，$u$、$v$、$w$ 为速度修正，则可得：

$$u_w = u_w^* + D_w(P_P' - P_W') \qquad (5\text{-}106)$$

$$u_e = u_e^* + D_e(P_P' - P_E') \qquad (5\text{-}107)$$

$$v_s = v_s^* + D_s(P_P' - P_S') \qquad (5\text{-}108)$$

$$v_n = v_n^* + D_n(P'_P - P'_N) \qquad (5\text{-}109)$$

$$w_b = w_b^* + D_b(P'_P - P'_B) \qquad (5\text{-}110)$$

$$w_t = w_t^* + D_t(P'_P - P'_T) \qquad (5\text{-}111)$$

把式（5-111）代入连续性方程便可得到压力修正方程：

$$a_P P'_P = \Sigma a_i P'_i + b \qquad (5\text{-}112)$$

这说明了交错网格体系中控制面上的速度可以直接与其相邻两节点上的压力相关联，因而避免了阶梯形速度场和压力场的产生。

这样，在求解压力修正 $P'$ 后，速度与压力的耦合问题也就解决了。

### 5.4.3.2 微分方程组的求解过程

微分方程组的求解采用 SIMPLE 方法，求解过程如下：

（1）估计初始压力场 $P^*$；

（2）求解动量方程，可得到 $u^*$、$v^*$ 和 $w^*$；

（3）求解压力修正方程，可得到压力修正 $P'$；

（4）用压力修正 $P'$ 修正速度场，可得到 $u$、$v$ 和 $w$；

（5）求解其他方程；

（6）用压力修正 $P'$ 修正压力场 $P^*$；

（7）重复步骤（2）到步骤（6）的计算，直到收敛为止。

速度场与压力场耦合求解的 SIMPLE 算法，经实践检验是一种求解流体力学中流动问题的成功算法。在此之后，SIMPLER、SIMPLEST、SIMPLEC 等系列算法在收敛策略的松弛方面各做了一些改进。它们之间的差异有点类似于选择不同松弛因子的效果。由于对不同的求解对象，所需选择的最佳松弛因子不同，同样，这些方法对不同的研究对象，其效果也不同。有鉴于此，本书仍推荐使用原始的也是最简单的 SIMPLE 算法来求解速度场与压力场的耦合。

### 5.4.4  变量迭代的松弛

在求解联立方程时，鉴于方程的非线性和强耦合性，系数更新后解出的变量新值同原来的值有时差别很大。如果不控制变量在两次求解过程中的变化幅度，就有可能导致计算过程的发散。为了使变化幅度适当减小，需对因变量采用欠松弛法。

计算非稳态问题时，非稳态项常起到欠松弛的作用。为简单起见，假定密度不变，离散化方程最终可写成：

$$\phi_P^{new} = \frac{\Delta t}{1 + \Delta t}B + \phi_P^{old} \tag{5-113}$$

其中，$\phi_P^{old}$ 是前一时间步的变量值。由式（5-113）可知，当时间步长 $\Delta t$ 取足够小的时候，$\phi_P^{new} \approx \phi_P^{old}$，就起到了欠松弛的作用。因此，在求解过程中，时间步长不能取得太大，否则会造成发散。

一般情况下，用欠松弛因子促进收敛。选用合适的欠松弛因子，不但可以避免变量值的急剧变化，而且可以使多个耦合方程的收敛速度趋于一致。

对任一变量 $\phi_P$，令：

$$\phi_P = \phi_P^{old} - \alpha(\phi_P^{old} - \phi_P^{new}) \tag{5-114}$$

式中，$\alpha$ 为欠松弛因子，且 $0 \leqslant \alpha < 1$。$\phi_P^{old}$ 为前一轮迭代值，$\phi_P^{new}$ 是由 $\phi_P^{old}$ 计算系数后所得的新值。

需要指出的是，速度修正不能进行欠松弛，以确保修正后所得的速度场满足连续性方程。

对于压力，其欠松弛表达式取为：

$$P = P^* + \alpha P' \tag{5-115}$$

迄今为止，还没有找出确定合适欠松弛因子的原则，对具体问题，欠松弛因子的确定要根据试算或经验方法确定。一般来说，问题的非线性越强，欠松弛因子越应取得小一些，对于稳态问题，开始计算时的欠松弛因子可取得略小一些，以便获得较好的初始场。

计算过程中，由于应用了欠松弛法，人为地减弱了变量值在两次迭代中的变化，因此不能简单地用两次解出的变量值之差来建立收敛判据，而应该检验当前的变量值满足离散化方程的程度，也就是通过残差 $R$ 的大小来判定是否收敛。

对于任意节点 $P$，残差 $R$ 可表示为：

$$R = \Sigma a_i \phi_i + b - a_P \phi_P \tag{5-116}$$

当各个节点的 $|R|$ 值均小于一个给定的小量时，就认为该计算过程已经收敛。

在实际计算过程中，对于不同的问题和变量，$R$ 值所需达到的数量级是不一样的，难以给定一个通用的数值；同时，$R$ 值的大小与欠松弛因子也有很大关系，欠松弛因子越小，相应的 $R$ 值也越小，否则，不同的欠松弛因子就有可能导致不同的"收敛结果"。比较可靠的方法是，计算过程中迭代次数足够多，使程序的运行达到真正的收敛结果。该结果与欠松弛因子本身是没有关系的，因而是最终的数值模拟结果。

### 5.4.5　泄漏源的处理

对于易燃、易爆和有毒物质泄漏扩散数值模拟而言，释放源的模拟十分关键。如果释放量和释放速度估算差距太大，扩散后下风处浓度的估算就必然受到影响。

风洞释放源对泄漏扩散数值模拟结果的影响主要体现在释放物质的量影响到整个浓度场。

对于风洞模拟，压力和气体流速较小，可将气体视为不可压缩流体。

### 5.4.6　计算步骤及框图

计算采用 SIMPLE 算法求解，即使用速度分量的非均匀交错网格，在地面附近加密网格；时间项采用全隐式格式，扩散项用中心差分，对流项用幂函数方案；利用 SIMPLE 算法迭代求解动量方程、连续性方程、能量方程及 $\kappa\text{-}\varepsilon$ 方程，以获得 $u$，$v$，$w$，$p$，$T$，$\kappa$，$\varepsilon$ 的分布；根据已知流场分布，最后计算泄放物质的浓度分布。

计算步骤如下：

（1）创建几何模型和网格模型（在 Gambit 或其他前处理软件中完成）；

（2）启动 FLUENT 求解器；

（3）导入网格模型；

（4）检查网格模型是否存在问题；

（5）选择求解器及运行环境；

（6）决定计算模型，即是否考虑热交换，是否考虑黏性，是否存在多相等；

（7）设置材料特性；

（8）设置边界条件；

（9）调整用于控制求解的有关参数；

（10）初始化流场；

（11）开始求解；

（12）显示求解结果；

（13）保存求解结果；

（14）如果必要，修改网格或计算模型，然后重复上述过程重新进行计算。

计算框图如图 5-9 所示。

## 5.5　模型验证

模型若要应用于现场模拟，必须经过验证。这里采用本次风洞实验测定的流场和浓度场结果进行验证。

### 5.5.1　实验条件

风洞实验条件如下：

施放物质：氟利昂12，纯度大于99.5%

初始压力：$8.1 \times 10^4 \text{Pa}$

初始相对密度：4.36

空气温度：23.5℃

释放物质温度：23.5℃

10m 高风速：1.96m/s

大气稳定度：$D$

泄漏形态：连续泄漏

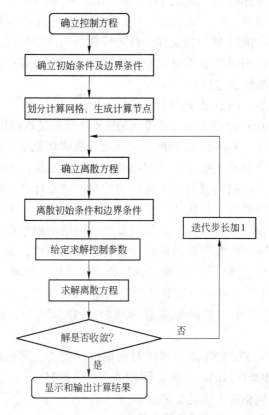

图5-9　计算流程框图

### 5.5.2　计算步骤

第一步，计算区域的确定。

由于本次模拟的个旧市属于高原山区城市，地形非常复杂，建筑物密集。为提高模拟的准确度，需加入个旧市的地形参数。根据个旧市区及周边地区的地形图及市区建筑物布局图，本次模拟将计算区域确定为 1.6m × 1.2m × 0.3m 长方体，并按 0.1m × 0.1m 将地面网格化，提取各个网格点上的三维坐标（以泄放点为坐标原点，南北向为 $X$ 轴，东西向为 $Y$ 轴）。用 C 语言编译器编写成一个三维数组，并且保存到文件中。利用 Gambit 的 Journal 功能生成网格文件。通过将相邻两点连成线，再用创建面功能将相邻四条线组成面，拼接成一张三维曲面，进而完成地形数据转换过程。

第二步，网格划分及检查。

利用 Gambit 在上述方法得到的地形中生成结构网格有困难，为此还使用了 Gambit 中的虚面的功能，能够将原本不在同一面上的点拟合到同一曲面上，得到光滑的地形，从而生成便于计算的网格。根据风洞内流体流动的情况，整个计算区域内采用非结构化网格，风洞底部由于复杂地形的存在，将网格的划分布置得比较稠密，而在上部和出口处，网格的划分布置得比较稀疏。这样不仅能有效地减轻计算机的计算负担，加快计算速度，同时也使网格的划分相对比较合理。在该计算域上按 $X$、$Y$ 轴分别按 85 和 50 等分划分等距离网格，$Z$ 轴按 1.01 比率递进生成网格 25 个，最后生成总网格数为 132400 个，如图 5-10 所示。

经导入 FLUENT 求解器中对网格进行检查，网格的最小体积为：0.9004121mm$^3$，最大体积为：16613.34mm$^3$。没有负体积，说明网格基本满足要求。

第三步，计算模式及模型设置。

根据各模型的特性及实验流体的实际情况，选择黏性模型

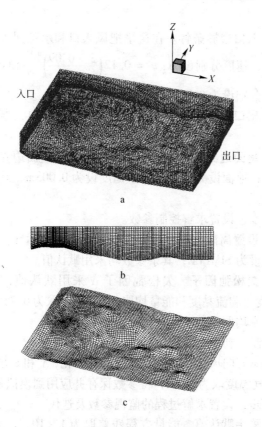

图 5-10　计算区域网格图

a—全部网格；b—y＝0mm；c—地面网格

中的 Realizable $\kappa$-$\varepsilon$ 模型，参数采用默认值。同时启动稳态模式和组分输送模型。

第四步，定义材料特性。

在特性数据表中输入氟利昂 12 的化学特性，并将氟利昂 12 与空气混合物定义为不可压缩气体。

第五步，边界条件设置。

在 CFD 模型中，必须详细说明各边界条件，因为边界条件包括流动变量和热变量在边界处的值，是 CFD 分析中十分关键的部分。

（1）**入口边界条件**。在这里把风入口和示踪剂入口均设为速度入口，速度分别设为：$u = 0.12\left(\dfrac{z - 0.09}{0.01}\right)^{0.43}$ 和 $0.005\text{m/s}$，质量组分分别设为 0 和 1。

（2）**出口边界条件**。出口边界设为压力出口，参数采用默认值。

（3）**壁面边界条件**。两侧面及顶部设为壁面边界，参数采用默认值；地面设为壁面，除粗糙度设为 0.003m，其余参数采用默认值。

第六步，设置求解控制参数。

（1）**设置离散格式**。压力插值方式设置为标准；压力速度耦合方式设为 SIMPLE；其余参数均采用默认值。

（2）**欠松弛因子**。欠松弛因子 $\alpha$ 采用默认值，压力取为 0.3，密度、湍流黏度和能量均取为 1，动量取为 0.7，湍动能和湍流耗散率均取为 0.8。

第七步，初始化参数。

采用 $x$ 方向风速入口对流场进行初始化，$y$ 和 $z$ 方向风速取为 0，空气温度取为 297K，将参数保存并应用到模拟系统。

第八步，设置求解过程的监视参数及迭代。

参数采用默认值，能量方程残差取为 $1 \times 10^{-6}$，连续方程、动量方程、湍动能和湍流耗散率残差均取为 $1 \times 10^{-3}$，并进行迭代。

第九步，输出结果。

残差稳定达到设定值即收敛，然后输出流场和浓度场结果，并将质量分率浓度换算为 mg/标准 m³。

### 5.5.3　模拟结果比较与分析

#### 5.5.3.1　网格质量检查

风洞底部壁面模拟结果见图 5-11。

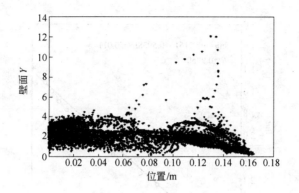

图 5-11 地面网格控制结果

从图 5-11 可以看出，网格的划分已使大部分地面的 $y^+$ 处于 $0 \sim 4.5$，小于 5，极少部分地面的 $y^+$ 处于 $4.5 \sim 12$，小于 60，说明该网格可使大气边界层流体处于黏性底层及过渡层。

### 5.5.3.2　流场结果分析

模型模拟的现场观测点风速随高度变化和风速矢量见图 5-12。

由图 5-12 可以看出，风速由 0.01m 高的 0.044m/s 增至 0.3m 高的 0.335m/s，且风廓线指数为 0.593，与风洞实验模拟的现场观测点的风廓线指数为 0.58 相对误差仅 2.2%，与现场观测结果仅相差 1.7%，因此，模拟流场与模型流场十分相似。

下垫面流场示意图见图 5-13。

图 5-13 风速在 0.001m/s 至 0.02m/s，地面风速较小，主要是由于粗糙下垫面的黏滞作用造成的。图中左下方和右侧流场出现反转现象，这是由地面密集而高大建筑物下风侧的涡流造成的。另外，泄放口处流场出现扰动，这与泄放口的喷出气流有关。

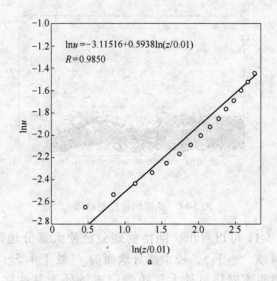

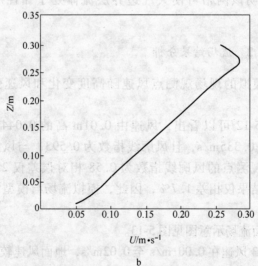

图 5-12　中性条件下风速随高度的变化

a—风速廓线；b—风速矢量

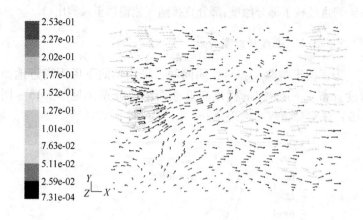

图 5-13　地面流场

### 5.5.3.3　流体迹线分布

流体迹线就是流体质点在运动过程中走过的路径,对于观察和研究复杂的三维流动问题来说,绘制流体的迹线是一种有效的方法。图 5-14 中表明泄放口排出的部分示踪剂走过的路径,其中部分重气粒子在泄放口附近就下沉至壁面,部分重气粒子顺着地形直接到达出口。这是因为在地物的黏滞和重气粒子的沉降作用下,

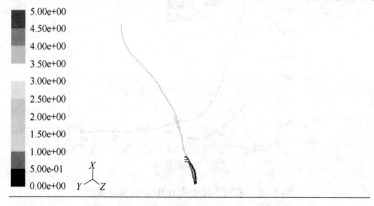

图 5-14　部分示踪剂粒子运行轨迹图

贴地的重气粒子部分触壁,部分直接随气流输送至风洞出口。

### 5.5.3.4　浓度场结果分析

为了便于观察、容易说明问题,采用不同下风距离近地面浓度分布、下风向 1m 横风向近地面浓度分布(见图 5-15 ~ 图 5-19)来解释重气扩散现象。

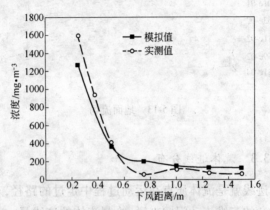

图 5 ~ 15　不同下风距离 0.02m 高度处浓度
模拟值与实测值比较

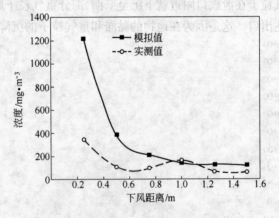

图 5-16　不同下风距离 0.03m 高度处浓度
模拟值与实测值比较

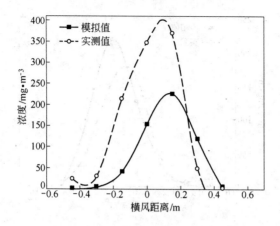

图 5-17　下风向 1m 处不同横风距离的地面
浓度模拟值与实测值比较

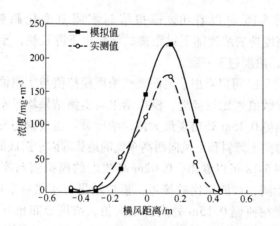

图 5-18　下风向 1m 处不同横风距离 0.02m
高度处浓度模拟值与实测值比较

从图 5-15 可以看出，模拟值与实测值变化趋势相同，数值
也十分接近，0.02m 高度处的浓度随下风距离的增加下降很快，
至下风向 0.6m 后，浓度趋于一致。

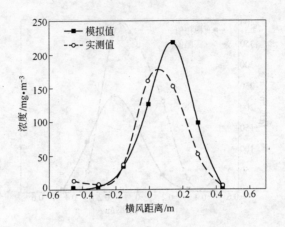

图 5-19    下风向 1m 处不同横风距离 0.03m
高度处浓度模拟值与实测值比较

从图 5-16 可以看出，模拟值与实测值变化趋势相同，
0.03m 高度处的浓度随下风距离的增加也下降很快，至下风向
0.6m 后，浓度趋于一致。

从图 5-17 可以看出，地面重气浓度模拟值与实测值变化趋
势相同，数值也比较接近，模拟结果与实测结果均显示，重气
浓度在西侧 0.15m 处出现最大值，浓度分布出现偏态分布，这
是泄漏源向下倾斜和下风向西高东低的地势等因素造成的。

从图 5-18 可以看出，0.02m 高浓度的模拟值与实测值变
化趋势相同，数值也比较接近，模拟结果与实测结果均显示，
重气浓度在西侧 0.15m 处出现最大值，浓度分布出现偏态分
布，这是泄漏源向下倾斜和下风向西高东低的地势等因素造
成的。

从图 5-19 可以看出，0.03m 高浓度的模拟值与实测值变化
趋势相同，数值也比较接近，模拟结果显示，重气浓度在西侧
0.15m 处出现最大值，实测结果显示，重气浓度在西侧 0.10m
处出现最大值，说明随着离地高度的增加，重气扩散受地形的

影响减小。模拟与实测结果均显示重气浓度分布出现偏态分布，这是泄漏源向下倾斜和下风向西高东低的地势等因素造成的。

从图 5-16 ~ 图 5-19 可以看出，在靠近地面的位置（$z = 0.001m$）重气的浓度要比远离地面位置（$z = 0.02m$、$0.03m$ 等）的浓度高，这说明重气主要沿地面扩散。由于人员多在地面附近活动，因此重气对人员的危害较大。虽然模拟与实测的浓度值有差异，但浓度随距离的变化趋势较为接近，浓度模拟结果与风洞实验结果总体吻合较好，并且浓度变化的趋势与实验观察到的重气扩散现象完全吻合。下风向 1m 处重气浓度的偏态分布通过模型模拟得到进一步证实。说明本书提出的重气扩散数学模型能很好地反映重气扩散的基本物理过程。

通过上面的分析可以看出，应用本书提出的数值模拟模型及算法，不仅可以较好地模拟高原山区城市重气泄漏事故发生的过程，而且通过对模拟结果的分析，可以得出在空间不同位置处重气的浓度，进而求出人员所受的中毒负荷。这些结果不仅对事故的模拟仿真非常有用，而且对风险评价中人员中毒概率的计算也是很有意义的。

# 6 重气扩散的影响因素分析

## 6.1 引言

从第 5 章的分析讨论可以看出，应用本书提出的重气扩散的数值模拟模型及算法所得到的计算结果与风洞实验结果吻合良好。但是由于实验受到许多条件的限制，要通过实验研究各种因素对重气扩散过程的影响，往往需要花费大量的人力、物力和财力，这是不经济的。同时，由于实验条件限制，比如一般风洞不能模拟不稳定和稳定条件下的扩散现象，实验过程中很难保证风速和泄放速率的稳定，加上采样和分析工作的误差，使得实验结果可靠性下降，从而影响重气扩散过程的分析研究。采用数值研究方法，不仅可以克服实验工作的弊端，而且可以给出更多的信息，如任一时刻的速度分布、温度分布和浓度分布等。由于影响重气扩散过程的因素众多，如泄放源的形式（连续点源、连续面源、瞬时点源、瞬时面源、多源等）、泄放气体的密度、不同的气象条件（风速、气温、气压、湿度、大气稳定度等）、泄放源强以及不同的下垫面等[56]。鉴于本书的篇幅，不可能对这些影响因素进行一一分析，本章将以上一章的计算条件为基本计算条件，重点研究大气稳定度、大气压和气温对重气扩散过程的影响和连续源不同时刻的浓度分布。

## 6.2 重气密度对重气扩散的影响

采用氟利昂 12（密度 $5.64kg/m^3$）、$Cl_2$（密度 $2.95kg/m^3$）、$C_3H_8$（密度 $1.91kg/m^3$），并将质量流率等参数设为同一值，重气密度对重气扩散的影响见图 6-1。

从图 6-1 可看出，重气扩散存在较为明显的重气效应，即重气扩散过程中密度越大的气体，越是贴近地面沿 $X$ 轴方向扩散，即在 $Z$ 轴方向呈负浮力扩散，而密度越小的气体则表现出一定的

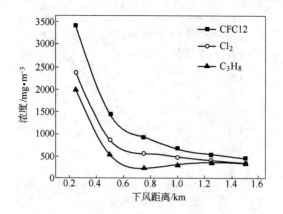

图 6-1 不同密度重气在下风向轴线处的地面浓度分布图

浮力扩散，加上泄漏源处于南面，其北面地形为向下倾斜的山坡，使得在扩散过程中，密度越小的重气在山后形成的低浓度区越明显，这也是造成图 6-11 中在 0.75km 处浓度差异较大的原因。

## 6.3 大气稳定度对重气扩散的影响

不稳定、稳定条件下风廓线指标模拟值与实测值的比较见图 6-2 和图 6-3。

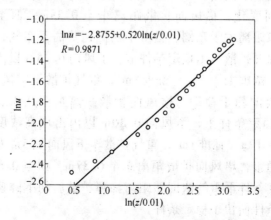

图 6-2 不稳定条件下的模拟风速随高度变化

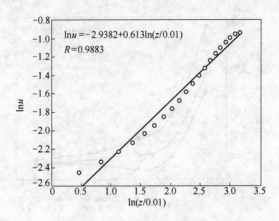

图 6-3　稳定条件下的模拟风速随高度变化

　　从图 6-2 和图 6-3 可以看出，模拟风廓线指数与实测值十分接近，不稳定、稳定条件下，模拟值与实测值的误差分别为 0.38%、0.32%。

　　从图 6-4 ~ 图 6-6 可以看出，中性稳定度条件下，下风向 0.28m 以内出现高浓度区，浓度值大于 $13g/(标准)m^3$，重气扩散至下风向 1.25m 左右，浓度趋于稳定，即浓度基本不随时间变化，横风向扩散距离东至 0.35m，西至 0.5m。西侧扩散距离大于东侧，是由于西侧地势高于东侧，不利于重气的稀释扩散。不稳定条件下，下风向 0.25m 以内出现高浓度区，浓度大于 $15g/(标准)m^3$，重气扩散至下风向 1.0m 左右，浓度趋于稳定，横风向扩散距离东至 0.30m，西至 0.5m。稳定条件下，下风向 0.30m 以内出现高浓度区，浓度值大于 $12g/(标准)m^3$，重气扩散至下风向 1.5m 左右，浓度趋于稳定，横风向扩散距离东至 0.37m，西至 0.53m。中性稳定度条件下重气浓度随距离稀释扩散后的下降速度慢于不稳定条件而快于稳定条件。

　　不稳定、中性和稳定条件下泄放源下风向轴线浓度见表 6-1。

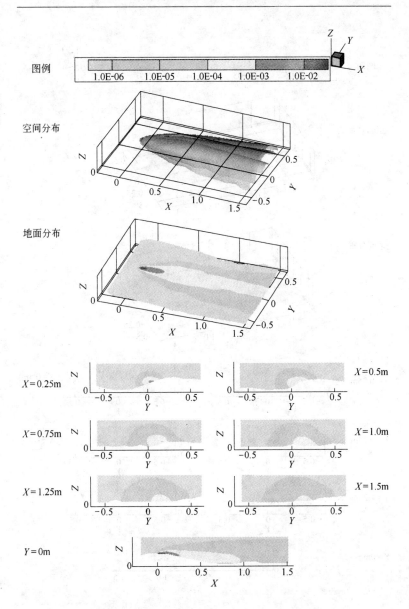

图 6-4   南风、0.196m/s、稳定条件下浓度云图

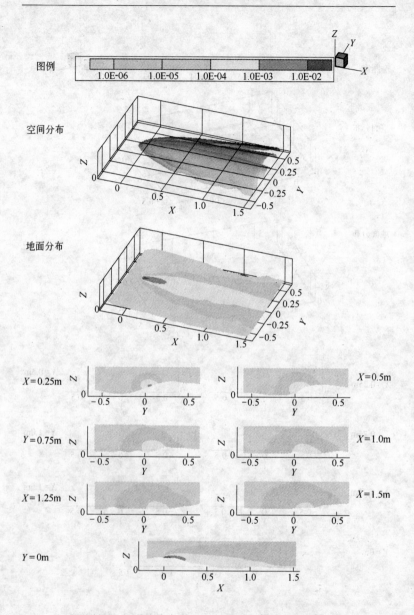

图 6-5　南风、0.196m/s、中性条件下浓度云图

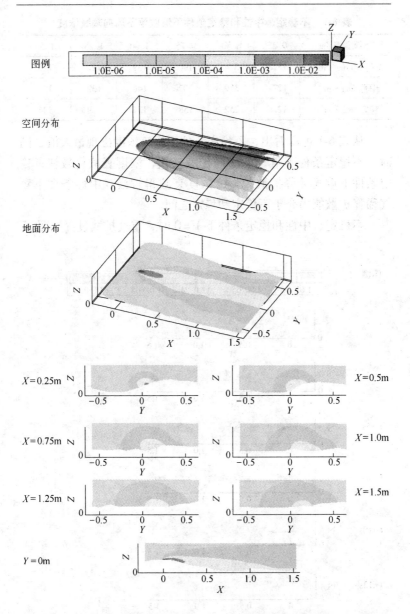

图 6-6　南风、0.196m/s、不稳定条件下浓度云图

**表 6-1  不稳定、中性和稳定条件下泄放源下风向轴线浓度**

| 下风距离/m | 0.25 | 0.50 | 0.75 | 1.00 | 1.25 | 1.50 |
|---|---|---|---|---|---|---|
| 不稳定/mg·m⁻³ | 1328 | 374 | 190 | 139 | 127 | 123 |
| 中性/mg·m⁻³ | 1274 | 369 | 202 | 146 | 132 | 124 |
| 稳定/mg·m⁻³ | 1226 | 252 | 158 | 137 | 129 | 125 |

从表 6-1 可以看出，不稳定条件下重气浓度出现最大值，同时，不稳定条件下重气的稀释扩散较快，浓度衰减得较快，稳定条件下重气稀释扩散较慢，浓度衰减得较慢，中性条件下重气稀释扩散能力介于不稳定和稳定之间。

不稳定、中性和稳定条件下 $Y=0$ 时，重气扩散过程见图6-7

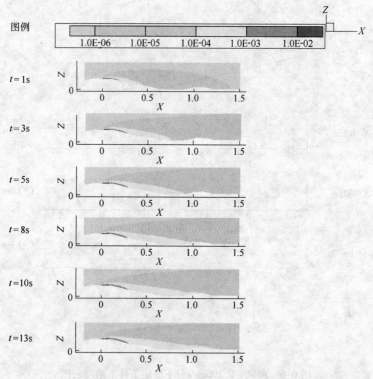

图 6-7  南风、0.196m/s、稳定条件下重气扩散过程图

和图 6-8。

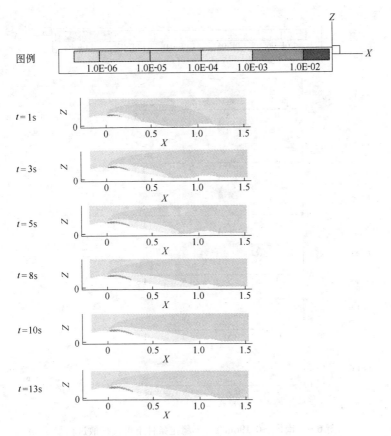

图 6-8 南风、0.196m/s、中性条件下重气扩散过程图

从图 6-7 $Y = 0$ 断面可以看出，12.9g/(标准)m$^3$ 和 1.3 g/(标准)m$^3$浓度在重气泄漏 10s 后基本不随时间变化，即处于定常状态，出现距离分别在下风向 0.3m、1.2m 以内。

从图 6-8 $Y = 0$ 断面可以看出，12.9g/(标准)m$^3$ 和 1.3 g/(标准)m$^3$浓度在重气泄漏 10s 后基本不随时间变化，即处于定常状态，出现距离分别在下风向 0.29m、1.1m 以内。

从图 6-9 $Y = 0$ 断面可以看出，12.9g/(标准)m$^3$ 和 1.3

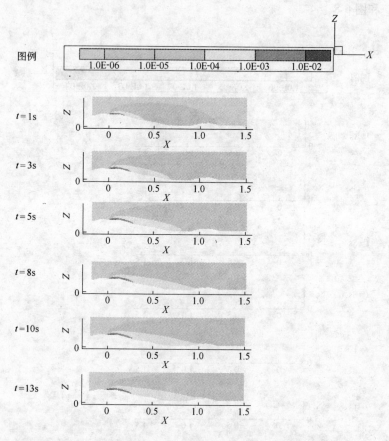

图 6-9　南风、0.196m/s、不稳定条件下重气扩散过程图

g/(标准)m³浓度在重气泄漏 10s 后基本不随时间变化，即处于定常状态，出现距离分别在下风向 0.28m、1.0m 以内。

## 6.4　大气压对重气扩散的影响

为了便于观察、容易说明问题，采用不同下风距离近地面浓度分布、下风向 1m 横风向近地面浓度分布（见图 6-10 ~ 图 6-14）来解释大气压对重气扩散的影响。

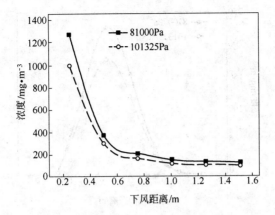

图 6-10　不同大气压下轴线距地面
0.02m 高处的浓度分布图

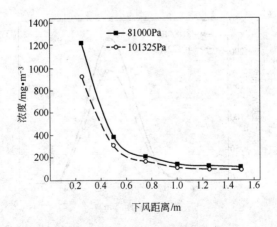

图 6-11　不同大气压下轴线距地面
0.03m 高处的浓度分布图

从图 6-10 ~ 图 6-14 可以看出，在同样泄放质量流率等其他
条件不变的情况下，标准大气压下重气浓度略低于 $8.1 \times 10^4$ Pa
下的重气浓度，标准大气压下的重气浓度比 $8.1 \times 10^4$ Pa 下的重

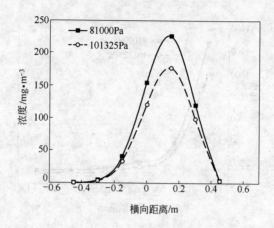

图 6-12　不同大气压下风向 1m 不同横向
距离地面的浓度分布图

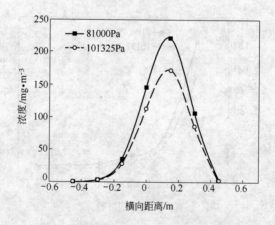

图 6-13　不同大气压下风向 1m 不同横向
距离地面 0.02m 的浓度分布图

气浓度低 6.2% ~ 24.7% ，平均低 18.6% 。这是因为空气的体积
与大气压成反比，同样体积的空气，在 $8.1 \times 10^4 Pa$ 下比标准大
气压下小 20% 。

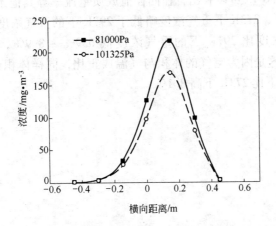

图 6-14 不同大气压下风向 1m 不同横向
距离地面 0.03m 的浓度分布图

## 6.5 气温对重气扩散的影响

不同气温下，泄放源下风向轴线浓度的变化见图 6-15。

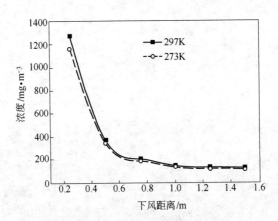

图 6-15 不同气温下轴线距地面
0.02m 高处的浓度分布图

　　从图 6-15 可以看出，在同样泄放质量流率等其他条件不变的情况下，273K 下重气浓度略低于 297K 下的重气浓度，273K 的重气浓度比 297K 下的重气浓度低 6.9% ~ 8.9%，平均低 8.2%。这是因为空气的体积与气温成正比，同样体积的空气，在 297K 下比 273K 下高 8.1%。

# 7 结论与建议

## 7.1 结论

本书以云南省个旧市市区为研究对象，以1:1000的比例制作了个旧市区和周边地区的风洞模型，采用小球测风法观测了个旧市青少年宫风场，取得了各个高度下的风速及整体的风廓线指数。在风洞模型中找到现场测风对应点，通过调节速度分布器开度、布置风洞的粗糙元段和调整风栏等手段，使风洞做到了流场相似。采用示踪扩散实验进行重气泄漏的扩散模拟，用CFD模型模拟风场和浓度场，对影响重气泄漏扩散的因素进行了分析，得出了如下结论：

(1) 研究地区整体流场变化较大，这主要是由于该地区地形极为复杂，有高山、浅丘等组成的地形以及高楼大厦形成的障碍物对气流造成了黏滞等作用。高原山区城市由于下垫面粗糙度较大，地面风速变小，而高空风速受下垫面的影响很小，其风廓线指数较平原地区大很多，使不稳定、中性、稳定条件下风廓线指数分别达到0.518、0.594、0.615。

(2) 采用调节风洞速度分布器开度、布置风洞的粗糙元段和调整风栏等手段，使风洞中与现场对应点的风廓线指数偏差小于3.4%，发现了调整不同断面木杆的高度和疏密可快速的做到现场和风洞的流场相似。

(3) 开发了一个快速分析示踪剂氟利昂12含量的气相色谱分析方法，使用以5A分子筛作为固定相的色谱柱，氟利昂12保留时间0.48min，单个样品响应时间仅1min，检测范围$2.7 \times 10^{-11} \sim 5.4 \times 10^{-7}$g，校正曲线线性范围达$2 \times 10^4$，相关系数为0.9992以上，峰高、峰面积定量的相对标准偏差分别为5.0%、6.7%，峰高的定量效果略好于峰面积的定量效果。

（4）重气扩散存在一个危险风速，在危险风速下的重气浓度达到最大值。当重气在风洞中的流动既非光滑流动，也非完全粗糙流动的过渡区且比值$\frac{u^* z_0}{v}$达到最大值时，重气浓度出现最大值。根据多项拟合求得本次风洞实验的危险风速为0.121m/s。

（5）重气泄漏可采用本书研究工作自制的由烟机和缓冲箱等组成的风洞发烟装置形象地显示其扩散过程，发烟装置好于管式炉加热液体石蜡的发烟装置，也好于盐酸与氨气反应组成的发烟系统。

（6）应用本书确立的高原山区重气流动和扩散的数值模型和算法，对气相物料连续泄放的扩散过程进行模拟，并与风洞实验数据进行比较，流场和浓度场模拟结果与实验数据吻合良好。结合气相物料连续泄放的扩散过程，对影响重气扩散的大气稳定度对扩散过程的影响进行了分析，取得了有益的结果，对更好地理解重气扩散的流动、传质机理提供了直观的依据。

（7）对下风向同一高度重气浓度进行了预测，模拟结果和实验结果一致，结果表明，重气浓度分布出现偏态分布，分析原因为泄漏源向下倾斜和下风向西高东低的地势等因素造成。

（8）在泄放质量流率等其他条件不变的情况下，重气密度越大，重气效应越明显；标准大气压下的重气浓度比高原地区$8.1 \times 10^4$Pa大气压下的低6.2% ~ 24.7%，平均低18.6%，而同样体积的空气，在$8.1 \times 10^4$Pa下比标准大气压下小20%；0℃时的重气浓度比23.5℃时的低6.9% ~ 8.9%，平均低8.2%，而同样体积的空气，在23.5℃下比0℃下高8.1%。

## 7.2　主要创新点

（1）高原山区城市整体流场变化较大，这主要是由于该地区地形极为复杂，有高山、浅丘等组成的地形以及高楼大厦形成的障碍物对气流造成了黏滞等作用，使风速高度指数较平原地区的大很多，也高于导则推荐的城市风廓线指数，使不稳定、中性、稳定条件下风廓线指数分别达到 0.518、0.594、0.615，为城市区域风廓线指数的调整提供了依据。

（2）重气扩散存在一个危险风速，在危险风速下的重气浓度达到最大值。当重气在风洞中的流动既非光滑流动，也非完全粗糙流动的过渡区且比值 $\dfrac{u^* z_0}{v}$ 达到最大值时，重气浓度出现最大值。

（3）在泄放质量流率等其他条件不变的情况下，重气密度越大，重气效应越明显。高原地区重气预测浓度应考虑气压和气温影响，气压和气温对重气浓度的影响总体符合理想气体状态方程。

（4）开发了一个快速分析示踪剂氟利昂 12 含量的气相色谱分析方法，使用以 5A 分子筛作为固定相的色谱柱，氟利昂 12 保留时间 0.48min，单个样品响应时间仅 1min，检测范围 $2.7 \times 10^{-11} \sim 5.4 \times 10^{-7}$g，相关系数为 0.9992 以上，峰高的定量效果略好于峰面积的定量效果。

## 7.3 建议

（1）采用先进流场测定设备，如热线风速仪、PIV（粒子图像测速技术），研究风洞内流场中的湍流情况，如 PIV 可以对风洞内流场作出可视化表达。

（2）由于本书风洞测试段长度的限制，模型不能制作得太长，因此无法进行瞬时释放条件下的重气示踪实验。建议建设断面更大、测试段更长的环境风洞，进行瞬时释放条件下的重气示踪实验。

（3）由于本书模型中部有一个湖泊，因此可以将湖泊盛满水进行示踪实验，并与不盛水条件下的结果进行比较，考察水体对重气扩散的影响。

（4）根据重气的中毒剂量和不同大气压、气温下的人体基础代谢呼吸量，确定其重气浓度限值，从而找出一套比较适合于高原地区重气泄漏事故后果的计算方法。

# 附录 重大危险源

引自《重大危险源辨识》GB 18218—2000

## 1 辨识依据

重大危险源的辨识依据是物质的危险特性及其数量。

## 2 重大危险源的分类

重大危险源分为生产场所重大危险源和贮存区重大危险源两种。

### 2.1 生产场所重大危险源

根据物质不同的特性,生产场所重大危险源按以下 4 类物质的品名(品名引用《危险货物品名表》GB 12268—1990)及其临界量加以确定。

(1)爆炸性物质名称及临界量见附表1。

**附表 1 爆炸性物质名称及临界量**

| 序　号 | 物　质　名　称 | 临界量/t | |
|:---:|:---:|:---:|:---:|
| | | 生产场所 | 贮存区 |
| 1 | 雷(酸)汞 | 0.1 | 1 |
| 2 | 硝化丙三醇 | 0.1 | 1 |
| 3 | 二硝基重氮酚 | 0.1 | 1 |
| 4 | 二乙二醇二硝酸酯 | 0.1 | 1 |
| 5 | 脒基亚硝氨基脒基四氮烯 | 0.1 | 1 |
| 6 | 迭氮(化)钡 | 0.1 | 1 |
| 7 | 迭氮(化)铅 | 0.1 | 1 |
| 8 | 三硝基间苯二酚铅 | 0.1 | 1 |
| 9 | 六硝基二苯胺 | 5 | 50 |
| 10 | 2,4,6-三硝基苯酚 | 5 | 50 |
| 11 | 2,4,6-三硝基苯甲硝胺 | 5 | 50 |
| 12 | 2,4,6-三硝基苯胺 | 5 | 50 |
| 13 | 三硝基苯甲醚 | 5 | 50 |

| 序　号 | 物质名称 | 临界量/t | |
|:---:|:---:|:---:|:---:|
| | | 生产场所 | 贮存区 |
| 14 | 2,4,6-三硝基苯甲酸 | 5 | 50 |
| 15 | 二硝基（苯）酚 | 5 | 50 |
| 16 | 环三次甲基三硝胺 | 5 | 50 |
| 17 | 2,4,6-三硝基甲苯 | 5 | 50 |
| 18 | 季戊四醇四硝酸酯 | 5 | 50 |
| 19 | 硝化纤维素 | 10 | 100 |
| 20 | 硝酸铵 | 25 | 250 |
| 21 | 1,3,5-三硝基苯 | 5 | 50 |
| 22 | 2,4,6-三硝基氯（化）苯 | 5 | 50 |
| 23 | 2,4,6-三硝基间苯二酚 | 5 | 50 |
| 24 | 环四次甲基四硝胺 | 5 | 50 |
| 25 | 六硝基-1,2-二苯乙烯 | 5 | 50 |
| 26 | 硝酸乙酯 | 5 | 5 |

（2）易燃物质名称及临界量见附表2。

### 附表2　易燃物质名称及临界量

| 序　号 | 类　别 | 物质名称 | 临界量/t | |
|:---:|:---:|:---:|:---:|:---:|
| | | | 生产场所 | 贮存区 |
| 1 | | 乙　烷 | 2 | 20 |
| 2 | | 正戊烷 | 2 | 20 |
| 3 | | 石脑油 | 2 | 20 |
| 4 | | 环戊烷 | 2 | 20 |
| 5 | | 甲　醇 | 2 | 20 |
| 6 | | 乙　醇 | 2 | 20 |
| 7 | 闪点<28℃的液体 | 乙　醚 | 2 | 20 |
| 8 | | 甲酸甲酯 | 2 | 20 |
| 9 | | 甲酸乙酯 | 2 | 20 |
| 10 | | 乙酸甲酯 | 2 | 20 |
| 11 | | 汽　油 | 2 | 20 |
| 12 | | 丙　酮 | 2 | 20 |
| 13 | | 丙　烯 | 2 | 20 |

续附表2

| 序 号 | 类 别 | 物质名称 | 临界量/t | |
|---|---|---|---|---|
| | | | 生产场所 | 贮存区 |
| 14 | 28℃≤闪点<60℃的液体 | 煤 油 | 10 | 100 |
| 15 | | 松节油 | 10 | 100 |
| 16 | | 2-丁烯-1-醇 | 10 | 100 |
| 17 | | 3-甲基-1-丁醇 | 10 | 100 |
| 18 | | 二（正）丁醚 | 10 | 100 |
| 19 | | 乙酸正丁酯 | 10 | 100 |
| 20 | | 硝酸正戊酯 | 10 | 100 |
| 21 | | 2,4-戊二酮 | 10 | 100 |
| 22 | | 环己胺 | | 100 |
| 23 | | 乙 酸 | 10 | 100 |
| 24 | | 樟脑油 | 10 | 100 |
| 25 | | 甲 酸 | 10 | 100 |
| 26 | 爆炸下限≤10%气体 | 乙 炔 | 1 | 10 |
| 27 | | 氢 | 1 | 10 |
| 28 | | 甲 烷 | 1 | 10 |
| 29 | | 乙 烯 | 1 | 10 |
| 30 | | 1,3-丁二烯 | 1 | 10 |
| 31 | | 环氧乙烷 | 1 | 10 |
| 32 | | 一氧化碳和氢气混合物 | 1 | 10 |
| 33 | | 石油气 | 1 | 10 |
| 34 | | 天然气 | 1 | 10 |

（3）活性化学物质名称及临界量见附表3。

### 附表3　活性化学物质名称及临界量

| 序　号 | 物 质 名 称 | 临界量/t | |
|---|---|---|---|
| | | 生产场所 | 贮存区 |
| 1 | 氯酸钾 | 2 | 20 |
| 2 | 氯酸钠 | 2 | 20 |
| 3 | 过氧化钾 | 2 | 20 |
| 4 | 过氧化钠 | 2 | 20 |
| 5 | 过氧化乙酸叔丁酯(浓度≥70%) | 1 | 10 |
| 6 | 过氧化异丁酸叔丁酯(浓度≥80%) | 1 | 10 |
| 7 | 过氧化顺式丁烯二酸叔丁酯(浓度≥80%) | 1 | 10 |
| 8 | 过氧化异丙基碳酸叔丁酯(浓度≥80%) | 1 | 10 |
| 9 | 过氧化二碳酸二苯甲酯(盐度≥90%) | 1 | 10 |
| 10 | 2,2-双-(过氧化叔丁基)丁烷(浓度≥70%) | 1 | 10 |
| 11 | 1,1-双-(过氧化叔丁基)环己烷(浓度≥80%) | 1 | 10 |
| 12 | 过氧化二碳酸二仲丁酯(浓度≥80%) | 1 | 10 |
| 13 | 2,2-过氧化二氢丙烷(浓度≥30%) | 1 | 10 |
| 14 | 过氧化二碳酸二正丙酯(浓度≥80%) | 1 | 10 |
| 15 | 3,3,6,6,9,9-六甲基-1,2,4,5-四氧环壬烷 | 1 | 10 |
| 16 | 过氧化甲乙酮(浓度≥60%) | 1 | 10 |
| 17 | 过氧化异丁基甲基甲酮(浓度≥60%) | 1 | 10 |
| 18 | 过乙酸(浓度≥60%) | 1 | 10 |
| 19 | 过氧化(二)异丁酰(浓度≥50%) | 1 | 10 |
| 20 | 过氧化二碳酸二乙酯(浓度≥30%) | 1 | 10 |
| 21 | 过氧化新戊酸叔丁酯(浓度≥77%) | 1 | 10 |

（4）有毒物质名称及临界量见附表4。

**附表4　有毒物质名称及临界量**

| 序　号 | 物质名称 | 临界量/t | |
|---|---|---|---|
| | | 生产场所 | 贮存区 |
| 1 | 氨 | 40 | 100 |
| 2 | 氯 | 10 | 25 |
| 3 | 碳酰氯 | 0.30 | 0.75 |
| 4 | 一氧化碳 | 2 | 5 |
| 5 | 二氧化硫 | 40 | 100 |
| 6 | 三氧化硫 | 30 | 75 |
| 7 | 硫化氢 | 2 | 5 |
| 8 | 羰基硫 | 2 | 5 |
| 9 | 氟化氢 | 2 | 5 |
| 10 | 氯化氢 | 20 | 50 |
| 11 | 砷化氢 | 0.4 | 1 |
| 12 | 锑化氢 | 0.4 | 1 |
| 13 | 磷化氢 | 0.4 | 1 |
| 14 | 硒化氢 | 0.4 | 1 |
| 15 | 六氟化硒 | 0.4 | 1 |
| 16 | 六氟化碲 | 0.4 | 1 |
| 17 | 氰化氢 | 8 | 20 |
| 18 | 氯化氰 | 8 | 20 |
| 19 | 乙撑亚胺 | 8 | 20 |
| 20 | 二硫化碳 | 40 | 100 |
| 21 | 氮氧化物 | 20 | 50 |
| 22 | 氟 | 8 | 20 |
| 23 | 二氟化氧 | 0.4 | 1 |
| 24 | 三氟化氯 | 8 | 20 |
| 25 | 三氟化硼 | 8 | 20 |

| 序　号 | 物 质 名 称 | 临界量/t | |
|:---:|:---:|:---:|:---:|
| | | 生产场所 | 贮存区 |
| 26 | 三氯化磷 | 8 | 20 |
| 27 | 氧氯化磷 | 8 | 20 |
| 28 | 二氯化硫 | 0.4 | 1 |
| 29 | 溴 | 40 | 100 |
| 30 | 硫酸（二）甲酯 | 20 | 50 |
| 31 | 氯甲酸甲酯 | 8 | 20 |
| 32 | 八氟异丁烯 | 0.30 | 0.75 |
| 33 | 氯乙烯 | 20 | 50 |
| 34 | 2-氯-1,3-丁二烯 | 20 | 50 |
| 35 | 三氯乙烯 | 20 | 50 |
| 36 | 六氟丙烯 | 20 | 50 |
| 37 | 3-氯丙烯 | 20 | 50 |
| 38 | 甲苯-2,4-二异氰酸酯 | 40 | 100 |
| 39 | 异氰酸甲酯 | 0.30 | 0.75 |
| 40 | 丙烯腈 | 40 | 100 |
| 41 | 乙　腈 | 40 | 100 |
| 42 | 丙酮氰醇 | 40 | 100 |
| 43 | 2-丙烯-1-醇 | 40 | 100 |
| 44 | 丙烯醛 | 40 | 100 |
| 45 | 3-氨基丙烯 | 40 | 100 |
| 46 | 苯 | 20 | 50 |
| 47 | 甲基苯 | 40 | 100 |
| 48 | 二甲苯 | 40 | 100 |
| 49 | 甲　醛 | 20 | 50 |
| 50 | 烷基铅类 | 20 | 50 |
| 51 | 羰基镍 | 0.4 | 1 |

| 序　号 | 物 质 名 称 | 临界量/t | |
|---|---|---|---|
| | | 生产场所 | 贮存区 |
| 52 | 乙硼烷 | 0.4 | 1 |
| 53 | 戊硼烷 | 0.4 | 1 |
| 54 | 3-氯-1,2-环氧丙烷 | 20 | 50 |
| 55 | 四氯化碳 | 20 | 50 |
| 56 | 氯甲烷 | 20 | 50 |
| 57 | 溴甲烷 | 20 | 50 |
| 58 | 氯甲基甲醚 | 20 | 50 |
| 59 | 一甲胺 | 20 | 50 |
| 60 | 二甲胺 | 20 | 50 |
| 61 | N,N-二甲基甲酰胺 | 20 | 50 |

## 2.2　贮存区重大危险源

　　贮存区重大危险源的确定方法与生产场所重大危险源基本相同，只是因为工艺条件较为稳定，临界量数值较大，具体数值见附表1～附表4。

# 参 考 文 献

[1] 化工部劳动保护研究所. 重要有毒物质泄漏扩散模型研究 [J]. 化工劳动保护, 1996(3):1~19.

[2] 《化工安全与环境》编辑部. 国外化工事故案例精选 [G]. 内部资料.

[3] 陆朝荣, 张永国. 西安市液化气爆炸事故的过程及分析 [J]. 油气储运, 1999, 18(10):47~49.

[4] 潘旭海, 蒋军成, 等. 重 (特) 大泄漏事故统计分析及事故模式研究 [J]. 化学工业与工程, 2002, 19(3):248~252.

[5] 黄琴, 蒋军成. 重气扩散研究综述 [J]. 安全与环境工程, 2007, 14(4):36~39.

[6] Britter R E. Atmospheric dispersion of dense gas [J]. Annals review fluid mechanics, 1989, 21: 317~344.

[7] 丁信伟, 王淑兰, 徐国庆. 可燃及毒性气体泄漏扩散研究综述 [J]. 化学工业与工程, 1999, 16(2):118~122.

[8] J S Puttock, D R Blackmore. Field experiments on dense gas dispersion [J]. Journal of Hazardous Materials, 1982, 6: 13~41.

[9] D B Pfenning, J B Cornwell. Computerized processing of Thorney Island trail data for comparison with model predictions [J]. Journal of Hazardous Materials, 1985, 11: 347~368.

[10] P W M Brighten, A J Prince. Overall properties of the heavy gas clouds in the Thorney Island Phase Ⅱ trials [J]. Journal of Hazardous Materials, 1987, 16: 103~138.

[11] J McQuaid. Design of the Thorney Island continuous release trials [J]. Journal of Hazardous Materials, 1987, 16: 1~8.

[12] Robert N Merony. Wind-tunnel experiments on dense gas dispersion [J]. Journal of Hazardous Materials, 1982, 6: 107~128.

[13] P A Krogstad, R M Pettersen. Wind tunnel modeling of a release gas near a building [J]. Atmospheric Environment, 1996, 30(5):867~878.

[14] Neff D E. Physical modeling of heavy plume dispersion [D]. 1989.

[15] G Konig-Langlo, M Schatzman. Wind tunnel modeling of heavy gas dispersion [J]. Atmospheric Environment, 1991, A25(7):1189~1198.

[16] K C Heidorn, et al. Effects of obstacles on the spread of a heavy gas-wind tunnel simulation [J]. Journal of Hazardous Materials, 1992, 30: 151~194.

[17] P T Robert, D J Hall. Wind-tunnel simulation boundary layer effects in dense gas dis-

person experiments [J]. Loss Prev. Process Industry, 1994, 17 (2):106～117.

[18] N J Duijm, B Carissimo, A Mercer, et al. Development and test of an evaluation protocol for heavy gas dispersion models [J]. Journal of Hazardous Materials, 1997, 56: 273～285.

[19] Winston L Sweatman, P C Chatwin. Dosages from instantaneous releases of dense gases in wind-tunnels and into a neutrally stable atmosphere [J]. Boundary-layer Meterorology, 1996, 77: 211～231.

[20] I R Cowan. A comparison of wind tunnel experiments and computational simulations of dispersion in the environs of buildings [C]. In: 4th Workshop on Harmonisation within Atmospheric Dispersion Modelling for Regulatory Purposes, 1996.

[21] Ian R Cowan, R C Hall. Uncertainty in CFD-modelling of wind engineering problems [C]. In: 3rd UK Conference Wind Engineering, 1996.

[22] Ian R Cowan, Ian P. Castro and Alan G. Robins. Numerical considerations for simulations of flow and dispersion around buildings [J]. Journal of Wind Engineering and Industrial Aerodynamics, 1997, 67: 535～545.

[23] Guwei Zhu, S Pal Arya, William H. Snyder. An experimental study of the flow structure within a dense gas plume [J]. Journal of Hazardous Materials, 1998, 62(2): 161～186.

[24] Alan Robins, et al. A wind tunnel study of dense gas dispersion in a neutral boundary layer over a rough surface [J]. Atmospheric Environment, 2001, 35: 2243～2252.

[25] Alan Robins, et al. A wind tunnel study of dense gas dispersion in a stable boundary layer over a rough surface [J]. Atmospheric Environment, 2001, 35: 2253～2263.

[26] J P Kunsch, T Rosgen. Investigation of entrainment and thermal properties of a cryogenic dense-gas cloud using optical measurement techniques [J]. Journal of Hazardous Materials, 2006, A137: 88～98.

[27] 中国环境科学研究院大气所. 有毒物质风洞模拟实验研究 [R]. 2003: 180～187.

[28] 刘国梁, 宣捷, 杜可, 等. 重烟羽扩散的风洞模拟实验研究 [J]. 安全与环境学报, 2004, 4(3):27～32.

[29] 姜传胜, 丁辉, 刘国梁, 等. 重气连续泄漏扩散的风洞模拟实验与数值模拟结果对比分析 [J]. 中国安全科学学报, 2003, 13(2):8～13.

[30] 秦颂, 董华, 张启波. 重气连续泄漏扩散的盐水模拟实验 [J]. 环境化学, 2007, 26(5):666～670.

[31] Britter R E, McQuaid J. Workbook on the dispersion of dense gas [R]. HSE Contract Research Report, 1988, Sheffield, U. K.

[32] VDI. Dispersion of heavy gas emissions by accidental release-safety study [R]. VDI

3783, Germany, Verein Dutscher Ingeniere, 1990.

[33] Van Ulden A P. On the spreading of a heavy gas released near the ground [C]. In: Buschmann C H, eds. Proceeding of 1st International Symposium on Loss Prevention and Safety Promotion in the Process, 1974, 221~226.

[34] Fryer L S, Kaiser C D. DENZ-a computer program for the calculation of the dispersion of dense toxic or explosive gases in the atmosphere [R]. UKAEA, SRD R152, 1989.

[35] Jagger S F. Development of CRUNCH: a dispersion model for continuous releases of a denser-than-air vapour into the atmosphere [R]. UKAEA, SRD R229, 1983.

[36] Manju Mohan, Panwarp T S, Singh M P. Development of dense gas dispersion model for emergency preparedness [J]. Atmospheric Environment, 1995, 29 (16): 2075~2087.

[37] Puttock J S. A model for gravity-dominated dispersion of dense-gas clouds [C]. In: Puttock J S Eds. Stably stratified flow and dense gas dispersion. Oxford University Press, 1988, 233~259.

[38] Witlox H W M. The HEGADAS model for ground-level heavy-gas dispersion- I. Steady-state model, II. Time-dependent model. Atmospheric Environment, 1994, 28 (18):2917~2946.

[39] J C F Pereira, X Q Chen. Numerical calculations of unsteady heavy gas dispersion [J]. Journal of Hazardous Materials, 1996, 46: 253~272.

[40] Wheatley C J, Webber D M. Aspects of the dispersion of denser-than-air vapuors relevant to gas cloud explosions [R]. EUR9592EN, Commission of the European Communities, Brussels, 1984.

[41] Zeman O. The dynamics and modeling of heavier-than-air, cold gas releases [J]. Atmospheric Environment, 1982, 16: 741~751.

[42] Ermak D L. User's Manual for SLAB: an atmospheric dispersion model for denser-than-air releases [R]. UCRL-MA-105607, Lawrence Livermore National Laboratory, Livermore, CA, 1990.

[43] Robin K S Hankin. Shallow layer simulation of heavy gas released on a shape in a calm ambient Part I. Continuous releases [J]. Journal of Hazardous Materials, 2003, A103: 205~215.

[44] Robin K S Hankin. Major hazard risk assessment over non-flat terrain. Part II: instantaneous releases [J]. Atmospheric Environment, 2004, 38: 707~714.

[45] R K S Hankin, R E Britter. TWODEE: the Health and Safety Laboratory's shallow layer model for heavy gas dispersion Part I. Mathematical basis and physical assumptions [J]. Journal of Hazardous Material, 1999, A66: 211~226.

[46] Wurtz J, Bartzis J, Venetsanos A, et al. A dense vapour dispersion code package for

applications in the chemical and process industry [J]. Journal of Hazardous Materials, 1996, 46: 273~284.

[47] Cogan J L. Monte Carlo simulation of buoyant dispersion [J]. Atmospheric Environment, 1985, 19: 876~878.

[48] Walklate P J. A random walk model for dispersion of heavy particles in turbulent air flow [J]. Boundary-Layer Meteorology, 1987, 39: 175~190.

[49] England W G, et al. Atmospheric dispersion of liquefied natural gas vapor cloud using SIGMET, a three dimensional time-dependent hydrodynamic computer model [C]. In: Crowe C I and Grosshandler W L Eds. Proceedings of the Heat Transfer and Fluid Mechanics Institute, Stanford University Press, 1978, 4~20.

[50] Chan S T, D L Ermak, L K Morris. FEM3 model simulations of selected Thorney Island phase I trials [J]. Journal of Hazardous Materials, 1987, 16: 267~292.

[51] Chan S T. FEM3C-An improved three-dimensional heavy-gas dispersion model: User's manual. DE94014731. Lawrence Livermore National Laboratory, Livermore, CA, 1994.

[52] Bartzis J G. ADREA-HF: a three-dimensional finite volume code for vapor cloud dispersion in complex terrain [R]. EUR 13580, 1991.

[53] S Andronopoulos, J G Bartzis, J Wurtz, et al. Modelling the effects of obstacles on the dispersion of denser-than-air gases [J]. Journal of Hazardous Materials, 1994, 37: 327~352.

[54] Nee V, Kovasznay L S G. Simple phenomenological theory of turbulent shear flows [J]. The Physics of Fluids, 1969, 12: 473~484.

[55] P Schreurs, J Mewis. Development of a transport phenomena model for accidental releases of heavy gases in an industrial environment [J]. Atmospheric Environment, 1987, 21(4):765~776.

[56] D M Deaves. 3-Dimensional model predictions for the upwind building trial of Thorney Island Phase II [J]. Journal of Hazardous Materials, 1985, 11: 341~346.

[57] W Jacobsen, B F Magnussen. 3-D numerical simulation of heavy gas dispersion [J]. Journal of Hazardous Materials, 1987, 16: 215~230.

[58] 是勋刚主编. 湍流 [M]. 天津：天津大学出版社, 1994: 84.

[59] P L Betts and V Haroutunian. Finite element calculations of transient dense gas dispersion, stably stratified flow and dense gas dispersion [M]. London：Oxford University Press, 1988, 349~384.

[60] 化工部化工劳动保护研究所. 重要有毒物质泄漏扩散模型研究 [J]. 化工劳动保护（安全技术与管理分册）, 1996, 3: 1~19.

[61] 张启平, 麻德贤. 危险物泄漏扩散过程的重气效应 [J]. 北京化工大学学报,

1998，25（3）：86～90.

[62] Michel Ayrault, Serge Simoens, Patrick Mejean. Negative buoyancy effects on the dispersion of continuous gas plumes downwind solid obstacles [J]. Journal of Hazardous Materials, 1998, 57：79～103.

[63] 魏利军. 重气扩散过程的数值模拟 [D]. 北京化工大学博士论文, 2000.

[64] 魏利军，张政，胡世明，等. 重气扩散的数值模拟模型验证 [J]. 劳动保护科学技术, 2000, 20（3）：43～49.

[65] 蒋军成，潘旭海. 描述重气泄漏扩散过程的新型模型 [J]. 南京工业大学学报, 2002, 24（1）：41～46.

[66] 潘旭海，蒋军成. 重气云团瞬时泄漏扩散的数值模拟研究 [J]. 化学工程, 2003, 31（1）：35～39.

[67] 潘旭海，蒋军成. 液氯泄漏事故模拟分析 [J]. 工业安全与环保, 2003, 29（3）：30～32.

[68] 沈艳涛. 毒性重气泄漏扩散 CFD 模型与风险分析 [D]. 华东理工大学博士论文, 2007. 5.

[69] 沈艳涛，于建国. 有毒有害气体泄漏的 CFD 数值模拟（Ⅰ）模型建立与校验 [J]. 化工学报, 2007, 58：745～749.

[70] 沈艳涛，于建国. 毒性重气瞬时泄漏扩散过程 CFD 模拟与风险分析 [J]. 华东理工大学学报（自然科学版）, 2008, 34（1）：19～23.

[71] 黄琴，蒋军成. 重气泄漏扩散实验的计算流体力学（CFD）模拟验证 [J]. 中国安全科学学报, 2008, 18（1）：50～55.

[72] 黄琴，蒋军成. 液化天然气泄漏扩散模型比较 [J]. 中国安全生产科学技术, 2007, 3（5）：3～6.

[73] Dutton J A. The Ceaseless Wind [M]. McGraw Hill, NY, 1996：579.

[74] Cermak J E. Laboratory simulation of the atmospheric boundary layer [J]. American Institute of Aeronautics and Astronautics-Journal, 1991, 9（9）：1476～1754.

[75] Snyder W H. Guideline for modeling of atmospheric diffusion [G]. U. S. EPA, EPA-600/8-81-009, 1981.

[76] Plate E J. Wind tunnel modeling of wind effects in engineering [J]. Elsevier Science Publishing, Co., 1982.

[77] K Sada, A Sato. Numerical calculation of flow and stack-gas concentration fluctuation around a cubial building [J]. Atmospheric Environment, 2002, 36：5527～5534.

[78] Yevgeny A Gayev, Eric Savory. Influence of street obstruction on flow process within urban canyons [J]. Journal of Wind Engineering and Industrial Aerodynamics, 1999, 82：89～103.

[79] 姚仁太，张茂栓，张杰. 环境风洞中流动的 PIV 测量 [J]. 流体力学实验与测

量, 1999, 13(3):91~96.

[80] Snyder W H. Similarity criteria for the application of fluid models to the study of air pollution meteorology [J]. Boundary Layer Meteorology, 1992, 3: 113~134.

[81] Csanady G S. Diffusion in an Ekman layer [J]. Journal of Atmospheric Science, 1969, 26: 411~426.

[82] Caldwell D R, Van Atta C W. Ekman boundary layer instabilities [J]. Journal of fluid mechanic, 1990, 44(1):79~95.

[83] Cermak J E. Physical modeling of flow and dispersion over complex terrain [J]. Boundary Layer Meteorology, 1984, 30: 261~292.

[84] M J Davidson, W H Snyder, R E Lawson, et al. Wind tunnel simulations of plume dispersion through groups of obstacle [J]. Atmospheric Environment, 1996, 30: 3715~3731.

[85] 沈武艳. 高原山区城市流场风洞实验和重气泄漏扩散模拟研究 [D]. 昆明理工大学硕士论文, 2007.3.

[86] 个旧市环保局. 个旧市大气环境容量核算技术报告 [R]. 2004.

[87] 傅抱璞, 于静明. 南京164米铁塔观测风速廓线的研究 [J]. 南京大学学报(自然科学版), 1981, 4: 552~561.

[88] 王宝民, 刘辉志, 桑建国, 等. 大风条件下城市冠层流场模拟 [J]. 大气科学, 2003, 27(2):255~264.

[89] 李宗恺, 潘云仙, 孙润桥. 空气污染气象学原理及应用 [M]. 北京: 气象出版社, 1985: 60, 61~82.

[90] 王福军. 计算流体动力学分析—CFD 软件原理与应用 [M]. 北京: 清华大学出版社, 2004.

# 冶金工业出版社部分图书推荐

| 书　名 | 作　者 | 定价(元) |
|---|---|---|
| 合成氨弛放气变压吸附提浓技术 | 宁　平　陈玉保<br>陈云华　杨　皓　著 | 22.00 |
| 矿山重大危险源辨识、评价及<br>预警技术 | 景国勋　杨玉中　著 | 42.00 |
| 电子废弃物的处理处置与资源化 | 牛冬杰　等主编 | 29.00 |
| 环境工程微生物学 | 林　海　主编 | 45.00 |
| 黄磷尾气催化氧化净化技术 | 王学谦　宁　平　著 | 28.00 |
| 化工安全分析中的过程故障诊断 | 田文德　等编著 | 27.00 |
| 高硫煤还原分解磷石膏的技术基础 | 马林转　等编著 | 25.00 |
| 钢铁冶金的环保与节能 | 李克强　等编著 | 39.00 |
| 环境污染控制工程 | 王守信　等编著 | 49.00 |
| 冶金企业废弃生产设备设施处理<br>与利用 | 宋立杰　赵由才　主编 | 36.00 |
| 生活垃圾处理与资源化技术手册 | 赵由才　宋　玉　主编 | 180.00 |
| 氮氧化物减排技术与烟气脱硝工程 | 杨　飏　编著 | 29.00 |
| 医疗废物焚烧技术基础 | 王　华　等著 | 18.00 |
| 冶金过程废水处理与利用 | 钱小青　葛丽英<br>赵由才　主编 | 30.00 |
| 城市生活垃圾直接气化熔融焚烧<br>过程控制 | 王海瑞　王　华　编著 | 20.00 |
| 钢铁工业废水资源回用技术与应用 | 王绍文　等编著 | 68.00 |
| 冶金企业受污染土壤和地下水<br>整治与修复 | 钱小青　葛丽英<br>赵由才　主编 | 29.00 |
| 安全原理 | 陈宝智　编著 | 20.00 |
| 燃煤汞污染及其控制 | 王立刚　刘柏谦　著 | 19.00 |